U0220341

核电站质量保证

主　编　李　日　马加群

副主编　罗　文　魏嘉程

ZHEJIANG UNIVERSITY PRESS
浙江大学出版社

图书在版编目（CIP）数据

核电站质量保证 / 李日，马加群主编. —杭州：
浙江大学出版社，2017.12（2024.1重印）
ISBN 978-7-308-17941-6

Ⅰ.①核… Ⅱ.①李… ②马… Ⅲ.①核电站—质量
管理—中等专业学校—教材 Ⅳ.①TM623

中国版本图书馆 CIP 数据核字（2018）第 015709 号

核电站质量保证

主　编　李　日　马加群
副主编　罗　文　魏嘉程

责任编辑　葛　娟
责任校对　陈静毅　汪淑芳
封面设计　续设计
出版发行　浙江大学出版社
　　　　　（杭州市天目山路 148 号　邮政编码 310007）
　　　　　（网址：http://www.zjupress.com）
排　　版　杭州青翊图文设计有限公司
印　　刷　广东虎彩云印刷有限公司绍兴分公司
开　　本　710mm×1000mm　1/16
印　　张　9.25
字　　数　147 千
版 印 次　2017 年 12 月第 1 版　2024 年 1 月第 3 次印刷
书　　号　ISBN 978-7-308-17941-6
定　　价　26.00 元

前　　言

我国核电事业经历了从无到有、从小到大的发展过程。近年来,我国核电站建设突飞猛增,已全部建成并投入运营的核电站有 4 个,其中 1 个(秦山核电站)在浙江;正在建设的核电站有 13 个,其中 1 个(三门核电站)在浙江;正在筹建中的核电站有 25 个,其中 2 个(龙游核电站、苍南核电站)在浙江。

核电设备安装与维护专业是基于三门县职业中等专业学校与三门核电站建设单位校企合作"订单教育"新开发的中等职业教育专业。浙江省职成教教研室和三门县职业中等专业学校领导非常重视该新开发专业的建设,目前已完成专业人才培养模式、课程设置的研究和专业教学指导方案的编制及部分教材的编写工作。

"安全第一,质量第一"是我国核电站工程建设的总方针。核电站建设企业对所有新入职的员工都会进行专业知识、专业技能、安全意识和质量意识培训,目的是加强人才队伍的建设,使他们不但具备过硬的专业技术能力,还具有良好的安全意识和质量意识,以确保核电站建设万无一失。

核电设备安装与维护专业是培养核电站建设中所需的熟练技术工人的,因此,在向学生传授专业知识、进行专业技能训练的同时,还要强化安全文化、质量意识的教育,让他们进入核电站建设企业后就能从事某一工种的工作。

《核电站质量保证》内容分为四章,第一章核电站质量文化,第二章核电站建造阶段的质量管理,第三章核电站运行阶段的质量管理,第四章核电站维修的质量管理。

　　《核电站质量保证》是中等职业学校核电设备安装与维护专业限定选修课程,建议在第三学期开设,每周 2 课时,约 36 课时。《核电站质量保证》还可作为"魅力之光"杯全国中学生核电科普知识竞赛参考用书之一。

　　《核电站质量保证》由李日、马加群、罗文、魏嘉程共同编写,在编写过程中我们得到了中核集团三门核电有限公司政工处、中国核工业第五建设公司三门核电站项目部工程技术人员的指导,在此我们表示衷心的感谢。由于编者的水平有限,书中难免有错误和不妥之处,敬请读者批评指正。

编者

2017 年 9 月

目　　录

第一章 核电站质量文化

核电站作为世界高尖端科技领域之一,从 1954 年第一座核电站——苏联奥布宁斯克核电站并网发电以来,一直受到世人的关注,其中核安全问题更是人们关注的重点。1986 年苏联切尔诺贝利和 1979 年美国三里岛核电站事故的发生,特别是 2011 年日本福岛第一核电站核泄漏事故的发生,使人们谈核色变。中国核电站所在地(包括核电站在建地、筹建地)的人们同样存在着种种担忧。为了消除核电站建造的负面影响,我国政府提出了"安全第一,质量第一"和"预防为主"的要求,并先后出台了一系列法规和技术文件,以确保核电站的建造质量和运行安全。

第一节 企业文化与质量文化

质量文化是企业在长期生产经营实践中逐步形成的文化现象,它有别于企业文化,优秀的质量文化将为企业带来巨大的经济效益和社会效益。

一、企业文化的产生和发展

企业文化这个名词孕育于日本,成熟于美国,风靡了全世界。在中国最早传播于台湾,20 世纪 80 年代中期以后,企业文化一词开始在大陆一些报刊上出现,研究企业文化的组织也相继兴起,为企业文化在中国企业的应用、发展和传播打下了良好基础。

把企业文化当成一门科学来对待,有意识地对它进行研究并运用于企业管理实践的起因是日本经济的迅速崛起和对美国的挑战。

在 20 世纪 50 年代,日本开始从美国引进现代管理方法,60 年代实现了经济的起飞,创造了连续增长的奇迹。进入 20 世纪 80 年代以来,日本的经济力量出现在国际舞台,大有超越美国、欧洲之势。这一显著变化,引起美国政界和企业界的高度关注。

美国认为,日本是个岛国,资源相对贫乏,国境内火山、地震不断,经济发展对外的依赖很强,既没有像中国那样悠久光辉灿烂的民族文化,也没有像欧洲那样的现代先进科学技术,而且还是第二次世界大战的战败国,不像美国在战争中赚得盘满钵满。让美国人匪夷所思的是日本的管理是向美国学习的,甚至自动化生产线也是从美国引进的,但在不到 20 年的时间里,创造了让世人惊异的经济奇迹。究竟是什么力量支撑了日本经济的腾飞,日本成功的奥秘究竟是什么呢?

从 20 世纪 70 年代末到 20 世纪 80 年代初,美国学者带着疑问、好奇、羡慕和探究的眼光和心态,分期分批远渡重洋赴日本考察,研究美国输给日本的真正内涵。在这些美国学者中,不仅有管理学者,而且有社会学、心理学和文化学等多学科的学者和研究专家,他们的到来和之后研究成果的相继发表,掀起了美日两国比较管理学研究的热潮。

当初,美国学者考察研究的兴趣主要集中在企业管理方面,并针对美日两国不同的管理模式进行了全面的比较研究。他们发现日本企业与美国企业之间一个最大的差别是日本企业的员工有"爱厂如家"的思想,而美国企业的员工却缺乏这种思想。导致这种不同的原因是美日两国不同管理模式背后的文化差异。因此,美国学者又把注意力集中在美日两国企业文化的比较研究方面,发表了一批影响世界的重要的关于企业文化的专著。这方面的研究大致经历了三个阶段。

第一阶段是企业综合管理研究,代表作是哈佛大学伏格尔教授的《日本名列第一》。美国全国广播公司电视节目曾用"日本能,为什么我们不能?"为标题播出,引起了全美的强烈反响。

第二阶段是美日两国管理的比较研究,代表作有由斯坦福大学帕斯卡尔和哈佛大学阿索斯西教授合著的《日本企业管理艺术》、美籍日本人威廉·大内著的《Z 理论——美国企业如何迎接日本的挑战》。

第三阶段是深入改革的研究,主要目标是重建与美国文化相匹配的经营哲学和工作组织,恢复美国的经济活力,与日本一比高低。代表作有由哈佛大学迪尔教授和麦金塞咨询公司顾问肯尼迪合著的《公司文化》、由麦金塞咨询公司顾问彼得斯和沃德曼合著的《追求卓越》等。

美国人的研究和他们决心重塑企业文化的举动,也深深地影响和刺激了日本人。面对美国人对日本企业文化的青睐,日本人感到他们对企业文化理论研究的薄弱与落后。于是,日本的学者也展开了一系列深入研究,代表作有中野郁次郎所著的《企业文化进步论》和名和太郎著的《经济文化》等。

美国学者和日本学者的研究以及成果推广,宣告了企业文化研究的兴起,由此也形成了一个共同研究观点:强有力的企业文化是企业取得成功的新的"金科玉律"。

世界各地的学者对这些研究成果的学习和传播,不仅使企业文化的概念更加普及,而且使各类组织也越来越深刻地意识到企业文化在企业经营管理中的重要作用。在这个过程中不仅向人们呈现了学术界层出不穷的研究成果,而且实践领域的经验总结也使人耳熟能详。诸如,休利特和帕卡德创立的"惠普之道"、韦尔奇在通用电气公司进行的"文化变革"、戴尔公司以客户为中心的企业文化、沃尔玛的营销文化、微软公司强调的"工作激情""善于学习和独立思考""危机意识"等等。在我国也有越来越多的企业认识到企业文化的重要作用,在实践中勇闯新路,不断探索企业文化建设的有效途径,并取得了令人欣喜的成效。例如,联想的创新文化、华为的"狼文化",尤其是海尔创造的具有中国特色的"H理论",其核心是主动变革内部的组织结构,使其适应员工的才干和能力,最终实现了人企共赢,也使海尔走向了世界。

从发展过程来看,企业文化是指一个企业在长期生产经营过程中,把企业内部全体员工结合在一起的理想信念、价值观念、管理制度、行为准则和道德规范的总和。它以全体员工为对象,通过宣传、教育、培训、文化娱乐和交心联谊等方式,最大限度地统一员工意志,规范员工行为,凝聚员工力量,为企业总目标服务。因此,企业文化是企业的灵魂和精神支柱,是现代企业生存和发展的灵魂和持久动力。

二、质量文化的产生和发展

质量文化的形成与发展是人类自 20 世纪以来的质量实践活动的自然结果。作为人类社会的基本实践活动之一,质量实践活动是伴随着工业文明的脚步共同成长起来的。如今,从乡村旅馆到皇家大酒店,从米老鼠到航天飞机,从街道小院到联合国大厦,质量实践活动已经从最初的工业领域渗透到人类社会生活的方方面面。从纯技术的范畴看,质量实践体现为确保实体(可以觉察或想象到的任何事物)与需要和期望有关的性质得到持续满足的完整过程,这个过程包括两个基本的方面:一是满足既定的需要和期望,二是满足需要和期望的能力的持续改进。随着质量实践活动经验的不断积累,质量实践逐步超越了其纯技术的范畴而演变为一种文化现象——质量文化。

质量文化是指以近、现代以来的工业化进程为基础,以特定的民族文化为背景的群体或民族在质量实践活动中逐步形成的物质基础、技术知识、管理思想、行为模式、法律制度与道德规范等因素及其总和。

质量文化体现着 20 世纪以来工业文明的特征,它继承了当代质量实践活动的主流价值观念——全面质量管理思想的绝大多数精髓,并突破了 20 世纪 80 年代以来在西方发达国家得到广泛关注与研究的企业文化的界限。

三、质量文化和企业文化的关系

从范畴上看,企业文化研究的重点是塑造企业的核心价值观,它可能是质量取向的,也可能是非质量取向的,其着眼点在组织层次;而质量文化研究的重点是国家或地区范围内的质量文化建设,其着眼点包括组织层次、地区经济层次或国家经济层次。毫无疑问,质量文化涉及的范围更宽,包含的层次更多,产生的影响更大。因此,将质量文化界定为某种特定含义的企业文化是认识误区。图 1-1 展示了质量文化与企业文化之间的相互关系。不难看出,当前有些学者所谓的质量文化或品质文化,可以理解为企业质量文化,它是从组织层面研究企业的质量实践活动的,既是企业文化的一个子范畴,也是质量文化的一个子范畴。

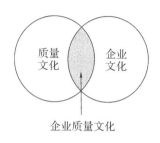

图 1-1　质量文化与企业文化的关系

四、质量文化的特征

质量文化作为一种与现代工业文明密切相关的文化现象,有其自身独特的结构化特征。通过对质量文化的结构化特征进行细致的分析和研究,可以为质量文化的定性评价与定量度量建立一个基本的框架或机制。

从时间的横断面上看,质量文化的结构化特征由其物质层面、行为层面、制度层面和道德层面构成,这四个层面按照从低到高的顺序共同组成了质量文化金字塔(见图 1-2)。与文化变革的抗性特征相一致,质量文化变革的抗性特征从物质层面到道德层面逐渐增强。其中,物质层面和行为层面具有较高的易觉察性,属于质量文化中的较浅层面,而制度层面和道德层面则具有较低的易觉察性,属于质量文化中的较深层面。

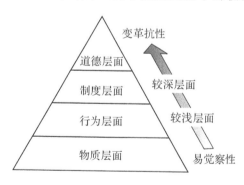

图 1-2　质量文化金字塔

1.质量文化的物质层面

物质层面是质量文化的基础层面,构成质量文化金字塔的基座。质量文化的物质层面由国家或地区经济中的现有物质性因素构成,包括财富的数量与结构、财富的质量、科学与技术水平、人力资源的状况等。一般来说,某一国家或地区经济中物质性因素水平决定着该国或该地区质量文化的基本力量。一般来说,在一个物质层面相对薄弱的国家,其质量文化的强度也相对较弱。

但是,就影响力的大小而言,与其他层面相比,物质层面对质量文化强度的影响力相对较小。日本经济的发展进程清楚地表明,通过强化其他层面的作用,质量文化的强度能够得到显著的加强,而强大的质量文化又能够促进经济持续、快速、健康的发展,从而推动经济进入一个更高的物质层面——这就使得质量文化得以建立在不断提高的物质层面之上。

2.质量文化的行为层面

质量文化的行为层面建立在其物质层面之上,物质层面是行为层面的载体。行为层面体现为群体使用物质层面的因素创造财富的行为模式。在同样的物质层面之上,不同的行为模式将导致不同的质量文化强度。然而与物质层面相比,行为层面对质量文化的影响更大。从地区经济的角度看,在物质层面水平基本相同的城市之间存在的质量文化强度的差异,通常归因于群体的行为模式差异。可以用来测度行为模式与质量文化强度之间相关性的例子大多来自服务业,这是因为在服务业,组织的服务行为对顾客而言基本上是透明的,并与顾客的消费行为同时发生。

3.质量文化的制度层面

质量文化的制度层面是塑造行为层面的主要机制。制度层面涉及以下三个方面,即标准化与规范体系、奖励制度和法律体系。其中,标准化与规范体系提供了对行为及行为结果的指导与评价体系,揭示了质量实践活动的基本目标:满足既定的需要或期望。奖励制度体现出对行为模式的激励与导向作用,并传达出国家或地区管理当局的政治倾向。例如,20 世纪 80 年代中期,美国政府由于意识到美国经济竞争力正在减弱,于是通过立法程序设立了马可姆·鲍德里奇国家质量奖,希望借此重振美国经济。而法律体系是行为层面的强制性塑造机制。法律体系对质量文化的影响力依赖于三个方面,即执法的公正性、执法的及时性和质量法律体系的健全性。

4.质量文化的道德层面

质量文化的道德层面位于质量文化金字塔的顶层,既是质量文化的核心内容和最高境界,也是质量文化建设的最终目标。它表现为群体积极主动地尊重与维护顾客主权的价值取向和精神追求。道德层面涉及四个群体价值取向,即尊重顾客主权;积极主动地维护社会质量文化的权威;追求行为结果的社会效益与完美主义;以连续与持久的眼光看待经济资源,倡导社会的可持续发展理念。

五、质量文化的功能

1.导向功能

质量文化对企业员工的行为具有导向功能,体现在规定企业在质量方面的价值取向、明确行动目标、确立规章制度和行为方式。导向功能同时也包括对员工的约束、自控和凝聚。它是指企业通过制度文化、伦理道德规范约束企业全体员工的言行,使企业领导和员工在一定的规范内有效实施质量活动;企业通过广大员工认可的质量方面的价值观,来获得的一种控制功能以达到企业的自我控制;质量文化通过目标凝聚、价值凝聚和理想凝聚将企业员工紧紧地联系在一起,同心协力,共同奋斗。

2.凝聚功能

质量文化通过潜移默化的方式沟通员工的思想,从而产生对企业质量目标、质量观念和质量规范的认同感和作为企业一员的使命感。在质量文化的熏陶下,企业成为"命运共同体",使员工具有一种归属感、认同感和使命感,归属感又潜意识地促使员工对企业产生一种向心力,这是企业最宝贵的资源。

3.激励功能

激励功能是指最大限度地激发员工的积极性和首创精神。这里的激励包括信任激励、关心激励和宣泄激励。优秀的质量文化能够激励员工,使员工拥有使命感,使员工拥有前进的推动力,进而为企业带来巨大的经济效益和社会效益。

4.调适功能

调适功能是指为员工创造一种良好环境和氛围,给员工以心理调适、人际关系调适、环境调适和氛围调适。这主要表现在两方面:一是质量文化具有一种"文化定势",可以成为企业质量方针和目标的导向,把员工吸引到实现企业经营目标上来。二是质量文化所形成的"文化氛围",使员工产生内在文化心理效应,成为赢得企业领导、同事的认可,进而为实现企业经营目标而努力工作的自我激励的动因。

5.约束功能

一旦对质量文化产生认同感,对那些有悖于这种观念的质量行为、质量意识都会加以排斥,从而产生一种无形的约束力量。这种软约束产生员工自我管理的效应。

六、质量文化构成的要素

1.质量价值观

质量价值观是企业员工对产品质量和质量工作所持有的共同价值准则,是对企业生存、发展过程中所追求的质量目标、质量行为方式进行评价的标准。质量价值观是质量文化的核心。

2.质量道德

质量道德是企业员工对产品质量和质量工作所必须遵循的行为规范的总和,是职业道德在质量工作中的具体体现。质量道德是质量文化的精髓之所在,其最基本的要求是岗位责任感和精益求精的精神。

3.质量意识

质量意识是企业员工对质量和质量工作的认识和理解,对质量行为起着十分重要的影响和制约作用。质量意识是质量文化的基础,可以通过质量管理、质量教育、质量责任制的建立等施加影响,并通过激励作用形成自我调节而逐步产生。

4.质量情感

质量情感是由企业员工对质量和质量工作的感受而产生的感情的综合反映,并通过员工的质量行为来得以表达。质量情感是企业质量文化的内在动因。

5.质量目标

质量目标是企业根据质量方针,在一定时期内对质量工作期望达到的水平和标准,是企业全员努力争取的期望值。它是企业的执着追求,同时又是企业员工理想和信念的具体化。

6.质量形象

质量形象是企业或员工向外界(包括社会、大众、企业员工之间等)展示,或从外界获取的整体印象与评价。质量形象体现着企业的声誉,反映着社会对企业的承认程度,是企业质量文化的外界表征。

7.质量行为

质量行为是企业员工在履行质量职能、从事质量工作时所做出的实际反映和行为,它以需要为基础,以动机为推动力。质量文化的导向作用应以此为归宿。

七、企业推进质量文化建设的策略

1.大力强化质量意识,建立全员共同的质量价值观

增强质量意识,是建立现代质量文化的中心环节。企业必须努力造就一支质量意识强、自觉维护企业质量信誉的职工队伍,以保持长期稳定地生产用户满意的产品。要提高全员的质量意识,必须转变观念,由"要我干"变成"我要干",由个体意识变成群体意识,实施"以人为本"的管理。同时要强化市场观念、竞争观念、质量观念、用户观念、整体观念、参与意

识、问题意识和改善、创新意识。在加强质量意识教育和培养方面,着重进行市场经济理论和市场竞争规律的教育、符合性质量和适用性质量区别的教育,以及员工既是生产者又是消费者双重特征的教育。

2. 积极推行全面质量管理

培育质量文化,增强质量意识,必须在实践中才能生根、巩固和发展。因此,企业要积极推行全面质量管理和 ISO9000 等国际标准,强化质量技术基础,建立健全质量体系,实施卓越绩效模式,追求卓越的质量经营发展之路,围绕市场变化,自觉运用 PDCA 循环,促使质量不断提升。同时,要建立严格的质量责任制,促进企业质量制度文化建设,完善激励和约束机制,用制度规范全体员工的行为。明确质量标准、要求和岗位质量责任,将质量考核指标落实到个人,坚持严格考核,把工作质量的好坏作为评价员工实绩的根本尺度,并和工资分配、晋级、评聘技术职务等挂钩,实施质量否决权。要把质量管理制度和人文精神有机地结合起来,要尊重人、理解人、关心人,重视民主决策和参与管理,通过引导、授权和激励,使员工由被管理者变为管理的参与者、规章制度的制定者,以充分挖掘每个员工的潜能和创造力,形成一种积极向上、不断进取、具有特色的质量文化氛围。通过教育和参与管理,使规章制度逐步变成员工的自觉行为。

3. 领导要高度重视质量文化建设

世界著名的质量管理学家费根堡姆博士指出:"公司领导是质量成功的关键。有力的质量管理领导对形成质量文化是十分重要的。当今的竞争趋势已经不是单靠个人在质量上的努力所能决定的,而是要有一种环境,在公司内建立一种框架,使每个员工都积极投入质量改进活动中去,因而公司的质量领导的作用倍加重要。"企业的各级领导,特别是高层领导,应高度重视质量文化建设,成为创建具有时代特征质量文化的第一倡导者、推动者,没有决策者的认识、决心和力量,就没有真正、持久的质量文化。为此,企业的高层领导,要不断学习和导入先进的经营理念,提出要求和目标,为员工提供培训机会,使全体员工深刻理解质量文化的内涵,协调并帮助解决工作中的问题和困难;同时,要以身作则,凡是要求别人做到的,首先自己要做到,要起模范带头作用,发挥企业领导的"示范效应"和"权威效应"。这样才能建立适应市场经济要求的企业运行机制,以独具特色的质量文化战略、优质名牌产品,塑造企业物质文化的良好形象,占领市场,创造辉煌的业绩。

4.逐步培育、构建全社会的质量文化

目前,建立企业质量文化的必要性和重要性越来越被人们所理解和认同,但要全面提高决策质量、经济增长质量和人民生活质量,特别是要提高众多小企业、个体生产经营者的产品质量和服务质量,还必须在全社会大力宣传、弘扬、倡导和构建质量文化,使各行各业、生产领域、流通领域、消费领域的全体社会成员都树立质量第一、用户至上的思想,逐步形成人人"关心质量、诚实守信、追求卓越、创造完美、服务社会"以及"生产优质品光荣,生产劣质品可耻"的社会风尚,以适应经济发展和人民生活水平的提高。

质量是一个永恒不变的主题,企业的振兴,首先靠企业自身的觉醒,卓越的质量文化是企业和社会发展的关键。随着经济全球化步伐的加快,企业将面临更加激烈的竞争,同时也开放了更加广阔的市场空间。以质取胜,走质量效益型道路是企业生存和发展的必然选择。促进企业可持续发展,就必须站在管理的制高点,在实践中不断探索和创新,持续改进、努力塑造良好的企业质量文化,才能使企业拥有竞争的优势,不断发展壮大。

第二节 核电站的质量与质量管理

核电站是一个设备复杂、知识密集、系统性很强的高新技术企业,如果没有严格的科学管理和安全保障体系,一旦发生核泄漏事故,就会造成不堪设想的后果,严重威胁工作人员和周围群众的生命安全,同时也会在国内外产生重大影响。从核安全角度出发,必须运用系统工程方法把核电站建造和生产的各个阶段、各个环节和各有关单位的质量工作统一管理起来,形成一个目标明确、职责分明、工作既协调又相互制约的有机整体。

一、基本概念

1.物项

核电站物项是材料、零件、部件、系统、构筑物以及计算机软件的通称。根据物项影响核电站安全功能程度的不同,可把物项划分为不同的安全等级。

2.质量

核电站的物项和服务均需具有按它们对安全的重要性和使用目的而规定的特性。每一物项和服务的质量是由可鉴别和可测量的特性决定的《核电厂质量保证大纲》(HAD003/01)。

物项的质量特性可通过性能(如尺寸、冶金、物理和化学性能)、状态或条件(如温度、压力或密度)、使用特性(如速度、持续时间、输出、消耗、预计寿命、效率、精确度)来规定。服务的质量特性可根据特定情况进行规定。

二、核电站质量管理的依据

核电站质量应满足的要求通常由两类文件明确地加以规定:一类是国家核安全法规和条例,以及质量管理和质量保证的国家标准;另一类是适用于核电站建造的技术标准和规范,以及技术条件、规格书等技术文件。核安全法规包括核电站从选址、设计、采购、制造、建造、调试、运行直至退役必须遵循的与安全和质量有关的一系列条例和法规,以及它们的细则、附件和导则。

1.国家核安全法规和条例

(1)我国质量管理相关的法律、法规、规章和文件;

(2)国际原子能机构法规 50-C/SG-Q《核电厂及其它核设施安全质量保证法规和导则》的原则,中华人民共和国《核电厂质量保证安全规定》及导则。

(3)ISO 9001,即 ISO 9001:2015《质量管理体系》。

2.相关的技术标准、规范和规程等文件

（1）技术标准、规范和规程，除了国家/行业相关的技术标准、规范、规程外，还有针对核电站工程项目的特殊性，要遵守的相关工程施工标准和规范。

（2）工程施工承包合同文件中，分别规定了参建各方在质量控制方面的权利和义务，有关各方必须履行的承诺。因此，施工单位要依据合同的约定进行质量管理与控制。"按图施工"是施工阶段质量控制的一项重要原则，也是约定俗成的事。施工单位应当认真做好设计交底及图纸会审工作，以达到完全了解设计意图和质量要求，发现图纸差错和施工过程难以控制质量的问题，确保工程质量，减少质量隐患。

（3）工程管理规范也是核电站承建各方必须遵守的，有利于明确项目管理目标、明确承建各方的工作范围和职责及接口协调管理。

三、影响核电站质量管理的主要因素

1.核电站质量的形成

任何产品都要经历设计、制造和使用的全过程，产品的质量也有个产生和实现的过程，这一过程是由按照一定的逻辑顺序进行的一系列活动构成的。核电站质量的形成经历了以下几个阶段：选址、设计、建造、安装、调试、运行和退役。这些阶段的工作都对核电站总体质量产生影响。核电站质量的形成主要在三个阶段，即设计阶段、建造阶段和运行阶段。

（1）设计阶段。一个核电站的安全性、可靠性及经济效益，这些质量特性的水平是由设计阶段确定的。设计效果在以下几个主要方面得以体现：

①确定安全水平：确定核反应堆燃料的合理布局，设置核反应控制方法和设施，保证核反应安全控制裕度；设置三道屏障防止放射性物质外泄；设置安全保护和事故应急系统。

②确定效益水平：充分利用反应堆所能实现的能量，尽量扩大蒸汽压差和流量及汽水回路的热效率，保证核电站的效益。

③定义功况：通过对机组正常运行功况的研究，设计配置温度、压力、热功率及核功率等调节系统，对相应参数的变化进行调节和控制，以保证

机组的运行。

④冗余设计：根据单一故障准则原理，为与核安全相关的设备及系统进行冗余设计，为了防止共模故障，采用实体隔离与多样化设计，对来自核电站内部及外部的侵害进行防范，设计和计算时考虑足够的裕量。

（2）建造阶段。这个阶段对核电站质量的影响也是至关重要的。这个阶段是将纸上的设计转化为实物，一般要经历五年多的时间。它是一个重要的独立阶段，这个阶段对核电站总体质量的影响十分大。

（3）运行阶段。核电站总体质量的最终实现是由投产后的运行阶段实现的。它由以下三个主要方面构成。

①运行：保证在正常工况下经济可靠地发电，保证在事故情况下进入事故处理规程，保证核安全和电网安全。

②试验：监测机组和设计相比较，有无偏离和降低的趋势。对核安全相关设备的可用性进行监控。

③维修：保持或恢复设备的原设计水平，使核电站设备随时处于可用状态。

2.影响核电站质量管理的主要因素

核电站质量的形成需经历设计、采购、制造、建造和运行，这些阶段的活动都将对核电站总体质量产生影响，如图 1-3 所示。

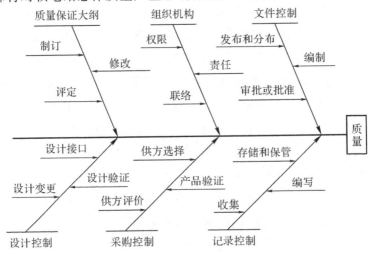

图 1-3　影响核电站质量管理的主要因素

核电站质量管理应贯彻预防为主与人、机器、物、方法、环境检验把关相结合的原则,在质量环的每一阶段,都应对影响其工作质量管理中的4M1E(即人、机器、物、方法和环境)等因素进行控制,并对质量活动的成果进行分阶段验证,以便及时发现问题,查明原因,采取措施,防止类似问题重复发生,并使问题在早期得到解决,减少经济损失。

四、核电站建造中质量与技术、安全、成本、进度的关系

核电站建造中主要包括五个方面的管理内容:质量、技术、安全、成本和进度。这五方面内容之间的关系是:技术是基础、质量是根本、安全是保障、成本(效益)是目的、进度是关键。

1.质量与技术

技术是核电站建造的基础,任何一个核电项目的开发和建设都必须以成熟的技术为后盾,设计技术、核心制造技术、施工技术都是技术控制的内容之一,对新技术的开发和使用、技术的变更和改进也必须进行控制。技术路线的选择和技术标准的确定则是项目实现的关键。

2.质量与安全

质量和安全是一枚硬币的两面,哪面是第一,取决于你的出发点:没有设计的安全,按设计生产出来的产品质量再好也可能不安全;没有安全的作业条件,很难生产出符合质量要求的产品。反言之,没有高质量的设计队伍,就不可能有安全的设计;作业条件的质量达不到要求,产品的质量就得不到保障。因此安全、质量是不可分割的。

3.质量与成本

在质量形成的过程中,某个部件或环节的质量问题,都可能造成最终的失败,甚至灾难。质量管理大师克劳斯比指出,所谓质量成本就是用于纠正产品不符合要求的代价,如果每个人,无论是管理者还是执行者,都能做到"第一次就把正确的事做对",则质量成本为零。有关统计数据表明,核电站在设计阶段质量成本为1元钱的缺陷,到建造阶段质量成本变为100元,到调试运行阶段变为10 000元。因此核电站在设计建造中要求"第一次就把正确的事做对",实现零缺陷。

4.质量与进度

质量控制是最好的进度控制。进度控制是一种手段,所有的工作都应按照预先制定的进度计划实施。进度的延误,会导致投资的急剧增加。进度控制是一种严谨、缜密的科学管理方法,核电站项目涉及多个分项工程,任一分项工程的进度延误或不适当的超前必然会影响到与之关联的其他工程的进行,进而影响项目的总体进度。

质量、技术、安全、成本、进度这五大管理活动之间是一种相互依存、相互作用的关系,其中质量管理是项目管理活动的核心,决定项目成败的关键。在项目实施过程中,必须把质量管理作为项目管理的重点进行策划,配备合适的人员并给予必要的授权,提供充分的资源,制定合理的规章制度,使得各种质量管理活动能够落在实处,以最终取得可观的绩效。

五、核电站质量管理的基本原理

1.系统原理

核电站是一个高度综合的复杂工程项目,涉及众多的技术工种、学科和领域,并且需要许多单位长期共同协作;此外,核电站各个阶段和每一个环节的质量都会影响到核电站的安全性和经济性。因此,必须从核安全的角度出发,运用系统(或体系)的概念和方法,把核电站各阶段、各环节和各有关单位的质量工作组织起来,形成一个既有明确的目的、任务、职责和权限,又能互相协调和促进的有机整体。也就是说,通过建立核电站的质量保证体系来促成和达到所要求的质量和所规定的技术经济指标。

2.分级原理

核电站不同的物项、服务和过程对核安全和可用率的重要程度和影响都不相同,因此对它们的质量要求也不一样。为了以合理的质量成本达到预定的质量水平,就必须对物项、服务和过程根据其对核安全和可靠性的贡献进行分级,实施不同程度的控制。对物项和服务进行分级管理,既是核安全法规的要求,也是控制质量成本的需要。对特定的物项和服务,质量保证等级要是定得过高,必然会增加费用;质量保证等级定得过低,则会降低安全性和可靠性。因此,选择和确定恰当的质量等级,一方面能为物项和服务满足质量要求提供足够的置信度,另一方面又能达到控制投资的目的。

3.过程原理

核电站建造的所有工作都是一个策划、实施、评价和改进的过程。通过 PDCA 循环,实现过程的持续改进,从而不断完善质量保证体系,提高质量,增进核申站的安全。

4.绩效原理

核电站质量保证要以绩效为基础,注重实效,这是质量保证核安全法规发展的必然趋势,即在强调满足规定要求的"符合性质量保证"的基础上,向注重实际工作绩效的"实效性质量保证"转变,使质量保证真正成为确保核电站质量和安全的有效管理工具。

5.领导作用原理

核电站建造强调高层管理者的责任,核电站质量保证工作始于高层管理者。高层管理者的职责包括:承担质量保证大纲的策划、制定、履行和成功的责任;制定和发布书面的质量保证政策声明,确定有关质量的管理理念和目标,对实现质量并持续改进做出承诺,将质量要求纳入日常的工作之中,为员工正确执行工作提供所需的信息、工具、支持和激励。

6.贡献均与原理

核电站的质量管理应突出全员参与的思想,而不应仅仅强调质量保证部门和人员的地位和作用,管理者、执行者和评价者在确保质量、达到安全方面各有特殊贡献:管理者提供计划、指导、资源和支持;执行者实施具体的操作和控制以达到质量要求;评价者对管理过程和工作执行的有效性进行评价。所有员工都必须遵循质量保证大纲的要求,每个人都要对自己所从事工作的质量负责。

7.预防原理

核电站的质量管理要贯彻预防为主的思想。管理者要认识到质量问题常起源于管理体制,人员很少或无法对消灭这些问题提高绩效加以控制。各级管理者可以通过对所负责的工作过程定期进行自我评审,以确定工作过程的有效性,及时识别和纠正管理过程中妨碍实现质量目标的缺陷和潜在缺陷。同时,各级管理者应和执行独立评价的职能部门很好地配合,以求及时发现管理中的薄弱环节以及与法规、标准、质量保证大纲不相符的地方。

第三节 核电站的质量保证

我国自核工业起步以来,积极与国际进行接轨,经过三十多年的发展,核电站质量保证工作水平有了很大提高,并有效地实施着,取得了不少经验并达到了一定的水准,在保证核电站安全运行上取得了很好的成效,并已在国民经济领域发挥重大作用。

质量是企业的生命,建立全面的质量保证体系,是确保核电站安全的一项重要的管理措施。根据国家核安全法规和国际原子能机构核安全标准的要求,核电站在选址、设计、建造、调试、运行和退役的每一个阶段,都要有质量保证大纲,各阶段的每一项具体的活动都要有专门的质量保证程序,确保核电站的设备质量高,人员素质好。在核电站的一切活动中,主要是依靠一线的工作人员来保证安全和质量的,这就需要质量控制。而质量保证的监督检查工作,则由两级质保机构来完成。上级部门和国家核安全局的检查和监察,是更高层次的外部质量保证活动。

一、核电站质量保证

核电站质量保证即为使物项或服务与规定的要求相符合,并提供足够的置信度所必需的一系列有计划的系统的活动[《核电厂质量保证安全规定》(HAF003)]。

这个定义表明核电站质量保证包含两个方面的内容:

（1）为使各有关物项或服务，例如设计、制造、建造和运行，达到相应质量所必需的实际工作。

（2）为保证制定和有效地实施适当的质量保证大纲，为验证已产生达到质量的客观证据所必需的工作。

因此，质量保证工作不只是质量保证部、质检部的工作，也是其他相关部门的工作内容。

核电站质量保证就是让相关方（对核电站建造而言就是所有关心核电站质量的业主、核安全局、政府、民众）对所做的工作、所完成的施工项目的质量有足够的信任和信心，相关方的信任和信心来自有计划的、有系统的活动，以及一套完整的记录。

核电站质量保证是建立在文件基础上的，想得到更好的保证，就应当提供更多的证据，证据越多，相关方对项目的信心越大。质量保证就是要让相关方确信所做的事是正确的。

二、核电站建造为什么要实施质量保证

1. 国际原子能机构强制要求

国际原子能机构颁布的核安全法规《核动力厂安全方面的质量保证》（IAEA50-C-QA）要求核电站建造必须执行质量保证。

国际原子能机构的宗旨是：加速扩大原子能对全世界和平、健康和繁荣的贡献，并确保由机构本身，或经机构请求，或在其监督管制下提供的援助不用于推进任何军事目的。

【资料链接】

国际核能监管机构——国际原子能机构

国际原子能机构（International Atomic Energy Agency，IAEA）成立于1956年，是同联合国建立关系，并由世界各国政府在原子能领域进行科学技术合作的机构，是专门负责国际核能和平利用和监督管理的专门机构，总部设在奥地利首都维也纳。

国际原子能机构的主要职能是：

(1)负责国际核能和平利用和监督管理。主要是指核电项目建设、调试、运行和退役管理都必须在 IAEA 的批准和监督下进行。

(2)制定核安全系列规则。包括核安全法规、核安全导则、技术报告及其他技术指导文件。

2.国家核安全法规的要求

国家核安全局是国务院负责全国民用核设施安全实施的独立的统一的监督机构。国家核安全局颁布了一系列有关核安全方面的法规，其中《核电厂质量保证安全规定》（HAF003）要求我们必须执行质量保证。

【资料链接】

中国核能监管机构——国家核安全局

1984 年国务院决定成立国家核安全局（NNSA），并赋予其独立监督管理中国民用核设施的权利。

1985 年恢复在国际原子能机构的成员地位，并参与其工作。

1998 年国家核安全局并入国家环保总局，设立核安全与辐射环境管理司（国家核安全局），负责全国的核安全、辐射安全、辐射环境管理的监管工作。

2008 年 3 月国家环保总局升格为环境保护部，对外保留国家核安全局牌子。

国家核安全局的主要职责是：

(1)负责核安全和辐射安全的监督管理；

(2)负责拟定与核安全、辐射安全等有关的政策、法律、行政法规、部门规章、制度、标准和规范，并组织实施；

(3)负责核设施核安全、辐射安全及辐射环境保护工作的统一监督管理。

　　国家核安全局监督组织是由国家核安全局派出的执法监督机构——地区监督站,包括:

　　(1)国家环境保护总局上海核与辐射安全监督站;

　　(2)国家环境保护总局四川核与辐射安全监督站;

　　(3)国家环境保护总局西北核与辐射安全监督站;

　　(4)国家环境保护总局北方核与辐射安全监督站;

　　(5)国家环境保护总局广东核与辐射安全监督站;

　　(6)国家环境保护总局东北核与辐射安全监督站。

3. 合同和内部管理的需要

　　目前,我国核电站建造一般采用"一家公司总包,专业公司分包"的模式。因此业主与总承包公司、总承包公司与专业分包公司、业主与专业分包公司之间的管理,将依据严密的合同来实现,并通过合同将质量保证分解到全体参与建设单位各自承担的责任中,最终满足核电站建造的质量保证大纲、程序及要求。

三、核电站质量保证工作的基本要求

　　核电站质量保证工作的基本要求是:编制正确的文件,按照正确文件执行工作,工作后留下证据。

　　在实施质量保证前,首先要明确"工作是什么""需要做些什么""怎样去做""由谁去做""何时去做""做得怎样"。

　　在实施质量保证时要做到"四个凡事",即凡事有章可循、凡事有人负责、凡事有人监督和凡事有据可查。

　　(1)凡事有章可循。凡是与质量有关的工作必须有文件可循、有标准可查。当组织机构得以明确,责任得到落实,如果工作无章可循,必然导致执行程序文件和标准的缺失,进而无法保证整体工作质量。因此凡事有章可循是实现以过程控制确保整体质量的基本要求。

　　(2)凡事有人负责。根据工作需要建立起组织机构,使每项工作都有明确的部门或人员负责完成。要让每个部门或人员都具有明确的职责和权限,做到职责的分配既无空白,又不重叠。如果工作有配合或协作关系

则应规定各部门或人员相互接口关系和责任。

（3）凡事有人监督。凡是与质量有关的工作都必须有人检查、有人监督，这是监督主体对责任主体的必要补充和促进。监督主体的职责发挥，还会从另一方面激发责任主体的责任意识和质量意识，对于确保整个工作质量具有不可缺失的作用。

（4）凡事有据可查。凡是与质量有关的工作，都应有相应的记载着质量特性的质量记录。记录包括过程记录、完工记录、交接记录，它是证明和追查质量优劣必不可少的客观证据，必须按程序要求进行编制、标识、收集、保存和管理。质量记录要填写得清晰完整。这是进行问题反查、持续改进的基本依据。如果达不到凡事有据可查，一旦出现问题，将无法进行原因分析和问题整改。因此，在工作过程中记录和保存数据也是总结经验、持续改进的基础。

【案例】

规则就是让人来遵守的

有一个小故事，是嘲笑循规蹈矩的德国人的：

中国的留德大学生见德国人做事刻板，不知变通，就想捉弄他们一番。中国学生们在相邻的两个电话亭上分别标上了"男""女"的字样，然后躲到暗处，看"死心眼"的德国人到底会有什么反应。结果他们发现，所有到电话亭打电话的人，都像是看到厕所标志那样，毫无怨言地进入自己该进的那个亭子。有一段时间，"女亭"闲置，"男亭"那边宁可排队也不往"女亭"这边走动。中国的大学生惊讶极了，不晓得德国人何以"呆"到这份上。面对中国大学生的疑问，德国人平静地耸耸肩说："规则嘛，不就是让人来遵守的吗？"

为什么德国有宝马和奔驰？而中国呢？

四、核电站物项质量保证分级

核电站物项质量保证分为：质量保证 1 级（Q_1 级）、质量保证 2 级（Q_2

级)、质量保证 3 级(Q_3 级)和质量保证无级(Q_{NC}级)。

核电站物项质量保证分级是以物项的失灵或服务的差错对核电站安全和可靠运行造成影响为原则的,同时考虑以下因素:

(1)物项或服务的复杂性(如工艺复杂性、接口复杂性)、独特性和新颖性。

(2)工艺、方法和设备是否需要特殊的控制、管理和检查。

(3)功能要求能在多大程度上通过检查和试验进行证实。

(4)物项、服务、工艺的质量经验和标准化程度。

(5)本单位或实施人员对该物项、服务和工艺实施的经验或熟练程度。

(6)物项在安装后,其维修、在役检查、更换和事故工况下的可达性。

核电站质量保证分级的出发点是为了合理分配有限的资源,最大限度地保证核电站中安全重要的物项或服务的质量。质量保证级别高低不代表质量要求的高低,对于不同质量保证级别的物项或服务,其质量要求是一致的,即均须达到规范、设计、程序等规定的质量要求。

五、核电站质量保证组织

核电站质量保证组织的机构体系与合同方式及业主、承包商的组织机构设置是密切相关的。质量保证组织的机构体系与工程项目的组织机构体系是一致的。在业主和承包商的组织机构中必须设置专职的质量保证部门,并配备专职的质量保证人员,使质量保证组织有足够的权力和独立性,质量保证的监查、监督等专职人员要具备规定的资格。但是,质量保证活动不仅仅是专职质量保证组织与人员的活动,质量保证活动是核电站项目整个组织体系的活动。因此,质量保证组织的机构体系与核电站项目的组织体系应该是一致的。

六、核电站质量保证体系

核电站建立全面的质量保证体系是确保核电站安全的一项重要的管理措施。我国核电站有严密的质量保证体系,对选址、设计、建造、调试、运行直至退役等各个阶段的每一项具体活动都有单项的质量保证大纲、大纲程序、管理程序和工作程序,并严格执行,如图 1-4 所示。

图 1-4 核电站质量保证体系

核电站质量保证体系是一个有机的整体,其主要组成部分为:职责明确的组织机构,层次分明的文件体系,清晰完整的记录制度和训练有素的员工队伍。

1.职责明确的组织机构

核安全法规规定,从事核电站营运的单位应该制定质量保证大纲,建立质量保证体系,对核电站的质量做出承诺。参与核电站建造施工及生产维修的单位也要根据业主质量保证大纲要求,并结合自己承担的任务,建立一个高效精干、职责明确的组织机构,明文规定各部门的职责、权限和接口,使每一项与质量有关的活动都有相应的部门和人员负责,不漏项,不重叠。若一项活动涉及几个部门的,还应明确主次,规定部门之间的衔接关系,做到凡事有人负责。

核电站组织结构形式取决于该组织承担的任务,核电站需要明文规定组织结构形式,并要明确各职能部门和人员的职责、权限和联络渠道。在建立的质量体系中还应详细规定每个岗位的质量职能。

2.层次分明的文件体系

核电站的质量保证文件可以划分为以下三个层次:

第一层次(A层次)文件:质量保证大纲。它是一个组织的纲领性文件,是对质量保证体系及其组成要素进行的具体描述,是组织为保证质量而对与质量有关的全部活动实施控制的原则规定。

第二层次(B层次)文件:管理性程序。它是对大纲中提出的质量方针、目标、管理职责和体系要素做进一步的阐述,并规定具体的执行控制办法。

第三层次(C层次)文件:工作程序,即作业指导书。它包括操作规程、实施条例、工作细则、图纸以及工作指导书等,是对如何执行和验证与质量有关的各项工作提出的具体的要求和操作方法。

在这三层文件中第一层次的质量保证大纲(即质量手册)是纲领性文件,是总纲,其他两个层次文件都要服从和服务于质量保证大纲的规定和要求。三个层次文件要保持一致,下层文件是上层文件的支持性文件,从而形成一个完整的、层次分明的质量保证文件体系,使所有影响质量的活动都处于受控状态。

3.清晰完整的记录制度

质量记录是为完成的活动或达到的结果提供客观证据的文件,是第一手资料,所有的质量保证记录都必须字迹清晰、完整、与所记录的实体相对应,建立并严格执行质量记录制度是质量保证活动的一项重要内容。质量记录制度包括记录的编制、收集、保存、借阅和查询,完整的质量记录可以使在进行质量分析、质量评价和质量改进时有据可查。

4.训练有素的员工队伍

核电站不仅要有一流的设备,而且需要一大批经过专门训练的高素质的员工队伍。所有的员工必须经过严格的培训和考核,合格者才能授权上岗,以使配备的人员能胜任工作,从而防止和减少事故的发生。

七、零缺陷管理

克劳士比在20世纪60年代初提出零缺陷思想,并在美国推行零缺陷运动。后传至日本,在日本制造业中全面推广,使日本的制造业产品质量迅速提高,并且达到了世界级水平,继而扩大到工商业所有领域。

零缺陷又称无缺点,零缺陷管理的思想主张企业发挥人的主观能动性来进行经营管理,生产者、工作者要努力使自己的产品、业务没有缺点,并向着高质量标准而奋斗。它要求生产工作者从一开始就本着严肃认真的态度把工作做得准确无误,在生产中从产品的质量、成本与消耗、交货期等方面的要求来合理安排,而不是依靠事后的检验来纠正。零缺陷强调预防系统控制和过程控制,第一次就把事情做正确,并符合承诺顾客的要求。开展零缺陷运动可以提高全员对产品质量和业务质量的责任感,从而保证产品质量和工作质量。

克劳士比有一句名言:质量是免费的。之所以不能免费是由于"没有第一次把事情做正确",产品不符合质量标准,从而形成了"缺陷"。美国许多公司常耗用相当于营业总额的 15%～20% 去消除缺陷。因此,在质量管理中既要保证质量又要降低成本,其结合点就是要求每一个人"第一次就把事情做正确",亦即人们在每一时刻、对每一作业都须满足工作过程的全部要求。只有这样,那些浪费在补救措施上的时间、金钱和精力才可以避免。

零缺陷管理的核心是第一次把正确的事情做正确,这包含了三个层次:正确的事、正确做事和第一次。因此,第一次就把事情做对,三个因素缺一不可,如图 1-5 所示。质量管理好比是开车,首先控制系统必须是好的。要确保开车过程顺畅,还必须有良好的交通规则的支持,也就是保证体系必不可少。

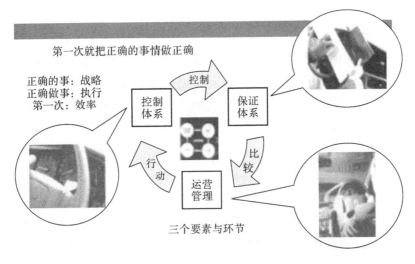

图 1-5　零缺陷管理的三要素

【寓言故事】

唯一的弱点要了阿吉里斯的命

古希腊神话中有一位伟大的英雄阿吉里斯,他有着超乎普通人的神力和刀枪不入的身体,在激烈的特洛伊之战中无往不胜,取得了赫赫战功。但就在阿吉里斯为攻占特洛伊城奋勇作战之际,站在对手一边的太阳神阿波罗却悄悄地一箭射中了伟大的阿吉里斯,在一声悲凉的哀叹中,强大的阿吉里斯竟然倒下去了。

原来这支箭射中了阿吉里斯的脚后跟,这是他全身唯一的弱点,只有他的父母和天上的神才知道这个秘密。在他还是婴儿的时候,他的母亲海洋女神特提斯,就捏着他的右脚后跟,把他浸在神奇的斯提克斯河中,被河水浸过的身体变得刀枪不入,近乎神。可那被母亲捏着的脚后跟由于未浸到水,成了阿吉里斯全身唯一的弱点。母亲因一时疏忽而造成的这一弱点竟要了儿子的命!

传统的企业管理侧重于技术处理,赋予员工正确的工作方法。零缺点管理则不同,它侧重于心理建设,赋予员工无误地进行工作的动机,认为做工作的人具有复杂心理,如果没有无误地进行工作的愿望,工作方法再好,也不可能把工作做得完美无缺。

千里之堤溃于蚁穴,重大的质量事故都是起源于小问题。如果不能实现零缺陷,核电站的质量就可能面临风险。正所谓"核电质量无小事",因此,核电站的每个工作人员都应该树立"零缺陷"的心态,树立核安全意识,把工作做得尽善尽美。

零缺陷能否实现?多数人认为零缺陷是无法做到的,实际上主要是心里存在双重标准,一个是生活上追求完美无缺陷的零缺陷标准,一个是工作上马马虎虎、差不多就行的标准。只要我们杜绝工作上马马虎虎、差不多就行的工作态度,就一定能够实现。

【案例】

合格率 100％是可能的

第二次世界大战中期，美国生产的降落伞的安全性能不够，虽然在厂商的努力下，合格率已经提升到 99.9％，但还差一点点。军方要求产品的合格率必须达到 100％。可是厂商不以为然，他们强调，任何产品都不可能达到 100％的合格率，除非出现奇迹。但是，降落伞 99.9％的合格率，就意味着每 1 000 个跳伞的人中就有一个人可能会送命。后来，军方改变了检查质量的方法，决定从厂商前一周交货的降落伞中随机挑出一个，让厂商负责人背着这个伞，亲自从飞机上跳下。这个方法实施后，奇迹出现了，不合格率立刻变成了零。

八、我国核电站质量保证的形成与发展

1. 我国核电站质量保证的发展

我国核电站质量保证的发展经历了探索学习、大力发展和实施、总结和提高三个阶段。

（1）探索学习阶段。从一开始，我国相关主管部门、核电站营运单位和国家核安全局就十分重视核电站质量保证工作。但是当时从事质量保证工作的人员较少，国内资料也相对缺乏，只能通过收集、翻译和消化国外资料，派人员去国外学习，请国外专家来中国开展讲座来推进我国质量保证工作。这使我国有关人员初步地了解了核电站质量保证基础知识和核电站质量保证一些专门领域的实施要求。

（2）大力发展和实施阶段。在这一阶段，国家核安全局抓紧制定和颁布了中国核电站质量保证法规，在积极宣传贯彻核电站质量保证法规的同时，对核电站营运单位及设计、制造、安装单位的质量保证大纲进行了审评，并对其实施情况进行了检查。有关主管部门组织核电站营运单位及设计、制造、安装单位大力开展和实施质量保证工作。在这一阶段中成

立了核电站质量保证专业学会,并定期举行学术交流会。国家核安全局组织多个质量保证专题培训班和研讨会。相关刊物积极刊登有关核电站质量保证专业领域的文章,出版核电站质量保证专著,为核电站质量保证专业人员提供了良好的学习以及经验与学术交流的机会。

(3)总结和提高阶段。通过前两个阶段的核电站质量保证工作的探索和学习、大力发展和实施,到 2000 年为止,我国核电站质量保证工作已取得很快发展;质量和安全保障体系有了很大提高和有效实施,取得了不少经验,达到了一定的水平,对确保核电站质量和安全运行取得了很好的成效。在这基础上,我国从 2001 年开始进入总结经验、进一步提高我国的核电站质量保证工作水平的阶段,以便赶上和超过国际先进水平。

2.我国核电站质量保证工作的经验总结

(1)一个国家核电站质量保证工作的好坏取决于其监管部门和有关主管部门对核电站质量保证工作的重视程度、决策正确与否和组织得力与否。我国就是因为国家核安全局和有关主管部门对核电站质量保证工作一开始就十分重视,在"安全第一、质量第一"方针指导下,把质量保证工作作为保证核电站质量和运行安全的基本措施,为我国核电事业的发展打下了良好基础。

(2)核电站质量保证工作要走上正规化并得到快速发展,首先要正确地立法。从我国核电站质量保证工作的发展过程可以看到,在核电站质量保证法规制定、颁布以后,核电站质量保证工作就有了法规可依,发展步伐加快。

(3)国家核安全局在核电站质量保证法规制定、颁布以后,就立即组织了核电站营运单位和承包单位有关人员进行学习,贯彻核质量保证法规和导则;后来还多次举办了由国家核安全局及其技术后援单位、核电站营运单位和一些承包单位专业人员参加的核安全研讨会,把核电站质量保证作为研讨会的重要内容之一,促进了经验交流和质量保证水平的不断提高;还为核承压设备设计、制造、安装持证单位的质量保证领导及其骨干举办了质量保证研讨班、培训班,使他们进一步理解了核电站质量保证法规的基本内容和要求,以及自己在核电站质量保证中的职责,使他们加强了对质量保证工作的重视和支持;国家核安全局还为这些单位培训了正规的质量保证监查员,从而促使这些单位按核电站安全质量保证法规的要求实施质量保证工作和质量保证监查。以上的措施在很大程度上促进了核安全法规的实施,增强了核电站质量保证人员的专业素养,为核电事业健康发展提供了保障。

第四节　核电站的质量保证法规

核能作为一种供给稳定、清洁、经济的能源,在传统能源逐渐枯竭和环境不断恶化的情况下,越来越凸显其重要性,在解决人类能源危机的可行性方案中占十分重要的地位。但是,核电站安全事故带来的巨大损失和伤害又让人们对核能的发展心怀疑虑。1986 年切尔诺贝利核电站事件余烟未消,2011 年福岛核电站事故又一次为我们敲响了警钟。因此,构建完善的民用核设施法律法规体系具有非常重要的意义。我国政府非常重视民用核设施的安全管理,先后出台了一系列法规和技术文件,以确保核电站建造的质量和运行的安全。

一、核安全法规建设

1. 国际核安全法规的发展

1959 年,美国军方制定《质量大纲要求》(MIL-Q-9858A)和《检验系统要求》(MIL-I-45208A)两个标准。这两个标准是世界上最早提出质量保证要求的质量保证标准。

第二次世界大战期间美国军方认为仅靠工序控制及事后检验不足以保证质量,为保证军工产品质量,1959 年美国军方发布了军事标准《质量大纲要求》(MIL-Q-9858A),该标准要求对生产全过程进行控制。军方的这种做法很快被涉及人身安全的核能管理和压力容器生产等主管部门采用。

1970 年,美国核管理委员会颁发了联邦法规《核电厂和燃料后处理厂的质量保证大纲》(10CFR50)。

1971 年,美国国家标准学会借鉴军用标准《质量大纲要求》(MIL-Q-9858A),制定了国家标准《核电厂质量保证大纲要求》(ANSI-N-45.2)。

1978 年,国际原子能机构(IAEA)集中了各成员国在核电厂质量保证方面的经验和意见,组织制定了《核动力厂安全方面的质量保证》(IAEA50-C-QA)和系列导则。

1988 年,国际原子能机构对 IAEA50-C-QA 进行了局部修改,发布了 IAEA50-C-QA(REV.1)。

1996 年,国际原子能机构组织各成员国专家根据当前管理理论和实践经验的反馈,对质量保证核安全法规及相关的导则从结构到内容做了全面的修改,并正式发布了新版《核电厂和其他核设施安全质量保证》(IAEA50-C-Q)和 14 个导则(IAEA50-SG-Q1～Q14)。

2006 年,IAEA 发布了《设施和活动的管理体系》(GS-R-3)及相应的导则。《设施和活动的管理体系》是对《核电厂及其他核设施安全质量保证》(IAEA50-C-Q)的修订。

2.我国核安全法规的建设

我国自 20 世纪 50 年代末期开始发展核工业,我国核工业发展初期有如下特点。

(1)核设施主要服务于国防和军事,具有极强的保密性;

(2)与国际上其他国家一样,初期缺乏必要的知识和经验,只是在常规工业的基础上适当考虑了核工业的一些特点;

(3)缺乏系统的核安全思想,没有建立起一套完整的核安全要求以及设计和评价方法,核安全主要以辐射防护为主;

(4)由于当时所处的国际环境,在后期没有跟上国际核安全的主流;

(5)没有独立的核安全监管部门。

1979 年的美国三里岛核电站核泄漏事故在全世界引起了巨大的反响。那时,我国的核能和平利用开始起步,三里岛核电站核泄漏事故也促使了我国相关部门开始重视核电站安全问题的研究。

1984 年,经当时的国家科委建议,我国成立了国家核安全局,从此中国的核安全管理进入正轨。

(1)国家核安全局成立后,首先开展了对秦山核电站一期的追溯性安全审评(因为秦山核电站一期的设计已基本完成并已开始建造),随后又对大亚湾核电站以及一些在役研究堆、燃料循环设施等的安全进行审评。随后国家核安全局开展了核安全法规的制定工作,1986 年发布了《中华人民共和国民用核设施安全监督管理条例》《核电厂厂址选择安全规定》《核电厂设计安全规定》《核电厂运行安全规定》和《核电厂质量保证安全规定》,使中国的核安全监督管理具备了一定的法制基础。

(2)20世纪80年代末至21世纪初,国家核安全局先后开展了秦山核电站二期、秦山核电站三期、岭澳核电站、田湾核电站一期,以及低温供热反应堆、快中子增殖试验堆和燃料循环设施等大量的核安全审评和监督工作,在技术能力上得到很大进步。同时,有关核设施应急、研究堆、核燃料循环设施、放射性废物管理、核材料管制和民用核承压设备管理的一系列法规和实施细则等文件发布,使下层法规也得到进一步补充和完善,形成了基本完整的法规体系。

二、我国核安全法规体系与核电站质量保证法规体系

我国非常重视民用核设施的安全管理,先后出台了一系列法规和技术文件。这些法规和技术文件包括五个层次。

第一层次:《中华人民共和国环境保护法》《中华人民共和国放射性污染防治法》《中华人民共和国核安全法》。

第二层次:由国务院发布的行政法规共8个,如图1-6所示。

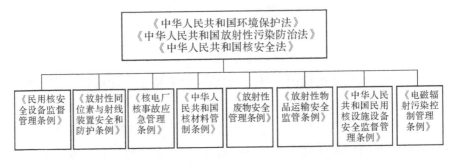

图1-6　国务院发布的核安全行政法规

第三层次:由国家核安全局及相关部门发布的部门规章共29个。

第四层次:由国家核安全局发布的核安全导则89个。

第五层次:由国家核安全局发布的技术文件近百个,覆盖了与核与辐射安全相关的所有领域。

其中第一、第二、第三层次的文件通称为核安全法规。图1-7是我国核安全法规和技术文件体系。

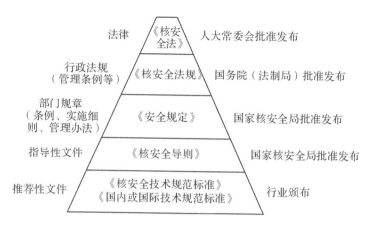

图 1-7 核安全法规和技术文件体系

1.核安全法规体系

核安全法规共分 8 个系列：

(1)通用系列；

(2)核动力厂系列；

(3)研究堆系列；

(4)核燃料循环设施系列；

(5)放射性废物管理系列；

(6)核材料管制系列；

(7)民用核安全设备监督管理系列；

(8)放射性物质运输管理系列。

目前,我国共有 8 个核安全法规：

(1)HAF001《中华人民共和国民用核设施安全监督管理条例》；

(2)HAF002《核电核事故应急管理条例》；

(3)HAF501《中华人民共和国核材料管制条例》；

(4)HAF400《放射性废物安全管理条例》；

(5)HAF600《民用核安全设备监督管理条例》；

(6)HAF700《放射性物品运输安全管理条例》；

(7)《放射性同位素与射线装置安全和防护条例》；

(8)《电磁辐射污染控制管理条例》。

每个核安全行政法规下又有若干实施细则、实施细则附件等规章。

2.核电站质量保证安全规定

为了保证核电站的安全,必须制定和有效地实施核电站质量保证总大纲和每一种工作的质量保证分大纲。目前我国核电站建造执行的质量保证安全规定是1991年国家核安全局修订发布的 HAF003《核电厂质量保证安全规定》及与之相关的导则。

【资料链接】

我国《核电厂质量保证安全规定》的发展

1986年我国国家核安全局以1978版 IAEA50-C-QA《核动力厂安全方面的质量保证》为蓝本制定并颁布了 HAF0400《核电厂质量保证安全规定》及相应的10个导则(编号为:HAF0401~HAF0410),1991年我国国家核安全局以 IAEA50-C-QA(REV.1)为蓝本修订了 HAF0400《核电厂质量保证安全规定》及相应的10个导则,1998年将编号改为 HAF003,导则编号也相应改为 HAD003/01~HAD003/10。

3.近几年核安全法规的建设

随着我国核工业和核技术应用的发展,核与辐射安全监管的任务日趋繁重,难度越来越大,我国现行的核与辐射安全监管法规已不能适应当前需要。现行的核安全与辐射防护法规、导则大部分是1990年前后发布的,主要技术指标是国际20世纪80年代的水平。近年来,核工业的规模、技术水平以及管理体制发生了相当大的变化。因此加快修订现行法规以适应新形势是当前势在必行的一项重要工作。

近几年,在法律层面,我国由全国人大环境与资源保护委员会牵头起草的《中华人民共和国核安全法》于2016年9月1日经第十二届全国人大常委会第二十九次会议表决通过。《中华人民共和国核安全法》的颁布有助于维护国家核安全,预防与应对核事故,安全利用核能,保护公众和从业人员的安全与健康,保护生态环境,促进经济社会可持续发展,同时也将从法律层面保障公众参与核电站建造的权利。在规章层面,由国家核安全局起草的《放射性物品运输安全监督管理办法》已于 2016 年 1 月 29 日由环境保护部部务会议审议通过。我国核与辐射安全监管法规正在逐步完善之中。

【思考题】

　　1.推进企业质量文化建设对于促进企业发展有什么现实意义?

　　2.核电站质量管理的依据是什么?

　　3.核电站建造为什么要实施质量保证?

　　4.核电质量保证的基本要求是什么?

　　5.我国核安全法规包括哪些法律、法规?

　　6.核电站质量保证分几级?

　　7.零缺陷管理的核心是什么?

　　8.请说说对"质量是生产出来的,而不是检查出来的"的理解。

第二章 核电站建造阶段
的质量管理

　　核电站的建造是一个既庞大又复杂的系统工程，涉及的行业很多，包括土建结构、装修、机械、管道、暖通、焊接、无损检测、核清洁、防腐、保温、电气、仪控、计算机等等。核电站建造的周期很长，以压水堆核电站为例，从反应堆厂房第一灌混凝土浇筑开始到投入商业运行一般需要 60 个月左右。如果再加上前期 1～2 年的四通一平、负挖等施工准备工作，整个核电站的建造周期在 80 个月左右。面对核电站建造系统工程复杂、建造周期长的特点，建造阶段质量的好坏将直接关系到将来核电站的运行安全和经济效益。

第一节　核电站的组成

　　目前世界上核电站采用的反应堆有压水堆、沸水堆、重水堆、快中子增殖堆以及高温气冷堆等，但使用比较广泛的是压水堆。下面以压水堆核电站为例，介绍核电站的组成。

一、压水堆核电站的组成

　　压水堆是目前核电站的一种主流堆型，全世界约 60% 的反应堆是压水堆。压水堆核电站主要由核岛、常规岛和电站配套设施三大部分组成，如图 2-1 所示，圆形建筑为核反应堆厂房，安装有核岛设备；核反应堆厂房前的方形建筑为燃料厂房，核岛后的建筑为常规岛，安装了汽轮机和发电机组；其他建筑为核电站的配套设施。

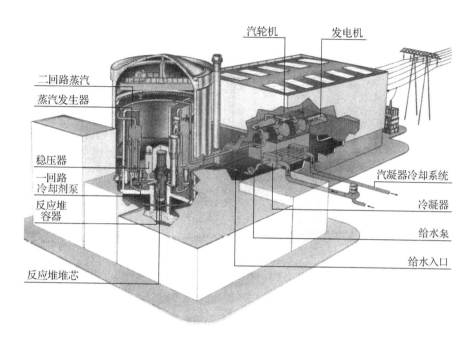

图 2-1　压水堆核电站的组成

二、核反应堆厂房(安全壳)

安全壳是预应力钢筋混凝土结构建筑物,它是核电站的标志性建筑。安全壳一般为带有半球形顶的圆柱体钢筋混凝土建筑物,直径约 40m,高约 60m,厚约 1m,内衬 6mm 厚的钢板以确保整体的密封性。安全壳能承受地震、飓风、飞机坠落等各种强力冲击,是核电站的保护神,并必须确保反应堆的放射性物质不逸入外部环境。

核反应堆厂房内有许多重要设备,它们是核反应堆压力容器、蒸汽发生器、稳压器、主泵、冷却系统及管道等,如图 2-2 所示。核反应堆厂房内的设备及有关的系统统称为核岛,核岛的主要功能是利用核裂变能产生蒸汽。

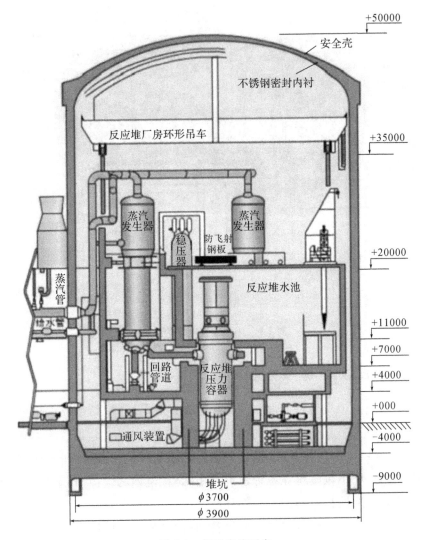

图 2-2　核反应堆厂房

1. 核反应堆压力容器

核反应堆是核电站的核心设备。它的作用是维持和控制链式裂变反应,产生核能,并将核能转换成可供使用的热能。核反应堆的心脏是堆芯,堆芯由核燃料组件和控制棒组件组成。堆芯装载在一个密闭的大型钢制容器——压力容器中。压力容器高约 13m、直径约 4m、壁厚 20cm 左右,重达 400～500t,能耐高温、高压和辐照,非常坚固。如图 2-3 所示。

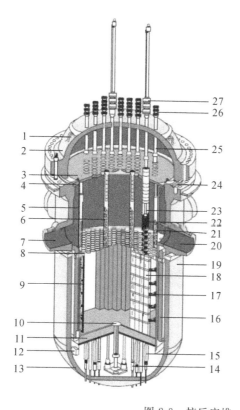

1—吊装耳环
2—压力壳顶盖
3—导向管支承板
4—内部支承凸缘
5—堆芯吊篮
6—上支承柱
7—进口接管
8—堆芯上栅格板
9—围板
10—进出孔
11—堆芯下栅格板
12—径向支承柱
13—压力壳底封头
14—仪表引线管
15—堆芯支承柱
16—热屏蔽
17—围板
18—燃料组件
19—反应堆压力壳
20—出口接管
21—控制棒束
22—控制棒导向管
23—控制棒驱动杆
24—压紧弹簧
25—隔热套筒
26—仪表引线管进口
27—控制棒驱动机构

图 2-3 核反应堆

2.蒸汽发生器

蒸汽发生器是核电站中仅次于压力容器的重型设备。它的作用是把一回路水从核反应堆中带出的热量传递给二回路水,并使其变成蒸汽。蒸汽发生器由直立式倒 U 型传热管束、管板、汽水分离器及外壳容器等组成。如图 2-4 所示。

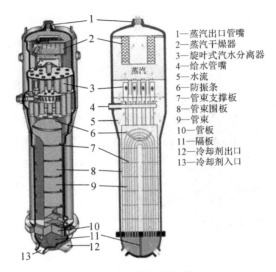

1—蒸汽出口管嘴
2—蒸汽干燥器
3—旋叶式汽水分离器
4—给水管嘴
5—水流
6—防振条
7—管束支撑板
8—管束围板
9—管束
10—管板
11—隔板
12—冷却剂出口
13—冷却剂入口

图 2-4　蒸汽发生器

3. 稳压器

　　稳压器又称压力平衡器,是用来控制反应堆系统压力变化的设备。稳压器净重约 80t。在正常运行时,起保持压力的作用;在发生事故时,提供超压保护。稳压器里设有加热器和喷淋系统,当反应堆压力过高时,喷洒冷水降压;当堆内压力太低时,加热器自动通电加热使水蒸发以增加压力。如图 2-5 所示。

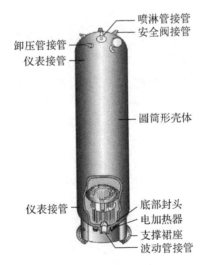

图 2-5　稳压器

4.主泵

如果把反应堆中的冷却剂比作人体血液的话,那主泵则是心脏,其作用是把冷却剂送进堆内,然后流过蒸汽发生器,以保证裂变反应产生的热量传递出来。主泵是核电站运行控制水循环的关键设备。如图 2-6 所示。

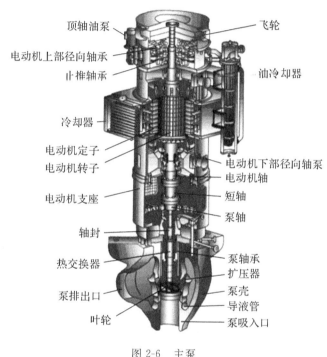

图 2-6　主泵

5.核燃料组件

核燃料是在核反应堆中通过核裂变产生核能的材料,是由铀矿石经过开采、初加工、铀转化、铀浓缩,进而加工成核燃料元件的。

压水堆核电站用的核燃料(铀 U^{235})的浓度为 3% 左右。通常压水堆的核反应堆内有 157 个核燃料组件,每个组件由 17×17 根燃料棒组成,燃料棒由烧结二氧化铀芯块装入锆合金管中封焊构成。如图 2-7 和图 2-8 所示。部分燃料组件中有一个控制棒,以控制核裂变反应。

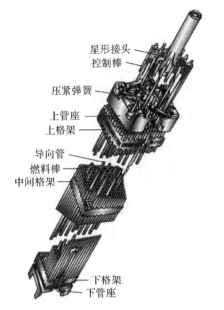

图 2-7 核燃料组件

图 2-8　燃料棒

6.控制棒

控制棒是强吸收体,它的移动速度快,操作可靠,使用灵活,可精确控制反应堆,是反应堆紧急控制和功率调节不可缺少的控制部件。如图 2-9 所示。

核反应堆的启、停和核功率的调节主要由控制棒控制。控制棒内的材料能强烈吸收中子,可以控制反应堆内链式裂变反应的进行。控制棒也组装成组件的形式。反应堆不运行时,控制棒插在堆芯内。启动时控制棒提起,运行中可根据需要调节控制棒的高度。一旦发生事故,全部控制棒会自动快速下落,使反应堆内的链式裂变反应停止。

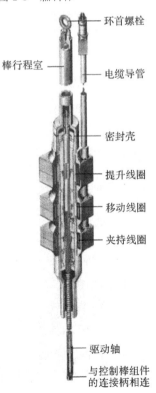

图 2-9 控制棒

【资料链接】

中广核集团已掌握核反应堆控制棒驱动系统关键技术

　　控制棒驱动系统是核反应堆本体中唯一动作的部件,承担着反应堆启动、功率调节等控制和保护职责,是反应堆安全运行的"心脏"。此前中国在运和在建的百万千瓦级压水堆核电机组中,该设备均使用国外品牌技术,关键部件和材料需要从国外进口。

　　2015年年初,由中国广核集团牵头组织的国家科技支撑计划项目——百万千瓦级压水堆核电站控制棒驱动系统研发科研项目通过了科技部组织的专家组验收评审。这意味着中广核集团已完全掌握核反应堆控制棒驱动系统关键技术,打破了国外长期的技术垄断,实现了核反应堆"心脏"的自主化和国产化。

三、常规岛

　　常规岛是核电装置中汽轮发电机组及其配套设施和它们所在厂房的总称。常规岛的主要功能是将核岛产生的蒸汽的热能转换成汽轮机的机械能,再通过发电机转变成电能。如图2-10所示。在压水反应堆核电站中,常规岛的蒸汽和动力转换系统也被称为核电站二回路系统。二回路系统有主蒸汽系统、主给水系统、汽水分离再热系统、凝结水系统、高压加热水系统、低压加热水系统、辅助给水系统、辅助蒸汽系统、疏水系统和常规设备中间冷却水系统等。二回路主要设备有汽轮机、发电机、凝汽器、汽水分离再热器、高压加热器、低压加热器、除氧器及其水箱、凝结水泵等。常规岛厂房主要有汽轮机房、冷却水泵房和水处理厂房、变压器区构筑物、开关站、网控楼、变电站及配电所等。

　　核电站常规岛与常规火电厂类似,所不同的是由于蒸汽压力低,汽轮机体积比常规火电站的要大。如图2-11所示的是三门核电站1号机组的汽轮机。

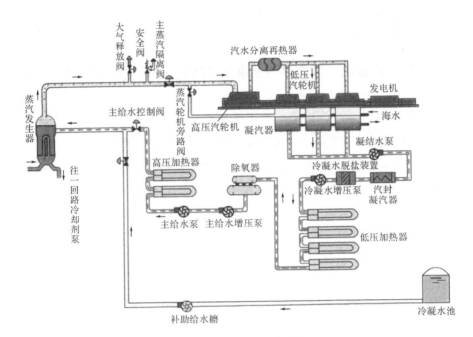

图 2-10　常规岛组成系统

图 2-11　三门核电站 1 号机组的汽轮机

第二节 核电站质量保证的基本要求

我国核电站从选址、建造到运行都要遵循国家核安全局发布的《核电厂质量保证安全规定》及导则。《核电厂质量保证安全规定》是陆上固定式热中子反应堆核电站的质量保证必须满足的基本要求。《核电厂质量保证安全规定》原编号为 HAF0400,现改为 HAF003,共分为十三章,称为十三要素。如图 2-12 所示。

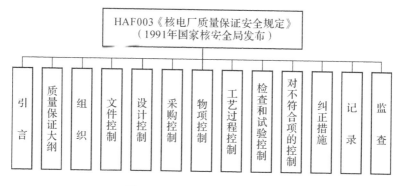

图 2-12 HAF003 的十三要素

一、引言

《核电厂质量保证安全规定》在"引言"一节中有如下要求:

(1)为了保证核电站的安全,必须制定和有效地实施核电站质量保证总大纲和每一种工作的质量保证分大纲。

(2)在完成某一特定工作中对要达到的质量负主要责任的是该工作的承担者,而不是那些验证质量的人员。

(3)质量保证是"有效管理"的一个实质性的方面。质量保证大纲必须对所有影响质量的活动提出要求及措施,质量保证大纲必须周密制定,便于实施,并保证技术性和管理性的工作两者充分地结合。

(4)质量保证大纲的制定和实施提出的原则和目标应适用于对重要物项和服务的质量具有影响的各种工作,例如设计、采购、加工、制造、装卸、运输、贮存、清洗、土建施工、安装、试验、调试、运行、检查、维护、修理、换料、改进和退役。这些原则和目标适用于所有对核电站负有责任的人员、核电站设计人员、设备供应厂商、工程公司、建造人员、运行人员以及参与影响质量活动的其他组织。

(5)对核电站负有全面责任的营运单位负责制定和实施整个核电站的质量保证总大纲。核电站营运单位可以委托其他单位制定和实施大纲的全部或其中的一部分,但必须仍对总大纲的有效性负责,同时又不减轻承包者的义务或法律责任。

二、质量保证大纲

按照国家规定,核电站的建造和运行必须遵循 HAF003 的原则和目标,分阶段制定核电站的《质量保证大纲》,即根据核电站项目的不同阶段,需制定相应的《质量保证大纲》。《质量保证大纲》在发布、实施和修订前必须经过国家核安全局的审查和认可。

质量保证大纲是为确保某一物项或服务满足规定质量要求所必须规定和完成的活动的综合,并形成文件。质量保证大纲文件包括:质量方针和政策、大纲概述、管理性文件,以及为确保工作正确实施所必需的详细工作文件。

质量保证大纲的内容包括三个层次:第一层次为纲领性文件(质量保证大纲概述);第二层次为管理性文件;第三层次为详细工作文件(技术性文件)。

质量保证大纲文件体系由管理性文件、技术性文件两部分构成,其中管理性文件包括质量保证大纲及其程序,技术性文件包括工作计划和进度、工作细则、程序和图纸等,如图 2-13 所示。

《核电厂质量保证安全规定》在"质量保证大纲"一节中有如下要求。

(1)整个核电站和某项工作领域的管理人员,必须按照工程进度有效地执行质量保证大纲。大纲还必须规定对从事影响质量活动的人员的培训。

(2)凡影响核电站质量的活动(包括核电站运行期间的活动)都必须按适用于该活动的书面程序、细则或图纸来完成。

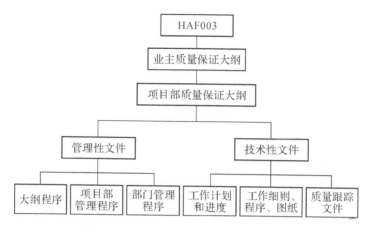

图 2-13　质量保证大纲文件的结构和内容

三、组织

《核电厂质量保证安全规定》在"组织"一节的"责任、权限和联络"一条中有如下要求。

(1)实施质量保证大纲的人员既包括活动的从事者也包括验证人员，而不是单一方面的责任范围。

(2)活动从事者的职能：负责实现所承担的工作质量目标，包括对完成的工作的检验、校核和检查。当有必要验证是否满足规定的要求时，这种验证只能由不对该工作负直接责任的人员进行。

(3)验证人员的职能：保证制定和有效地实施相应的适用的质量保证大纲；验证各种活动是否正确地按照规定进行。

(4)质量保证职能的人员和部门必须拥有足够的权力和组织独立性，以便鉴别质量问题，并建议、推荐或提供解决办法。必要时，对不符合、有缺陷或不满足规定要求的物项采取行动，制止进行下一步工序、交货、安装或使用，直到做出适当的安排。

(5)负责质量保证职能的人员和部门必须向级别足够高的管理部门上报，以保证必需的权力和足够的组织独立性，包括不受经费和进度约束的权力。

在有多个单位的情况下，必须明确规定每个单位的责任，并采取适当的措施以保证各单位间工作的接口和协调。必须对参与影响质量的活动的单位之间和小组之间的联络做出规定。

四、文件控制

《核电厂质量保证安全规定》在"文件控制"一节中有如下要求。

（1）必须对工作的执行和验证所需要的文件（例如程序、细则及图纸等）的编制、审核、批准和发放进行控制。

（2）必须采取措施，使参与活动的人员能够了解并能使用完成该项活动所需的正确合适的文件。

（3）变更文件必须按明文规定的程序进行审核和批准。变更的文件必须由审核和批准原文件的同一单位进行审查和批准，或者由其专门指定的其他单位进行审核和批准。必须把文件的修订及其实际情况迅速通知所有有关的人员和单位，以防止使用过时的或不合适的文件。

五、设计控制

《核电厂质量保证安全规定》中的"设计控制"由概述、设计接口控制、设计验证和设计变更四节组成，主要内容包括如下。

（1）必须制定控制措施并形成文件，以保证把规定的相应设计要求（例如国家核安全部门的要求、设计基准、规范和标准等）都正确地体现在技术规格书、图纸、程序或细则中。

（2）必须为设计各方规定涉及设计接口的设计资料（包括设计变更）交流的方法。资料交流必须用文件记载并予以控制。

（3）设计验证必须由未参加原设计的人员或小组进行。

（4）必须制定设计变更（包括现场变更）的程序，并形成文件。必须把有关变更资料及时发送到所有有关人员和单位。

六、采购控制

《核电厂质量保证安全规定》对采购控制的主要要求如下。

（1）必须将供方按照采购文件的要求提供物项或服务的能力作为选择供方的基本依据。供应商必须经过评价合格后才能作为"合格供应商"，评价要经过"技术、商务、质量保证"三方面的评价。

（2）必须对所购物项和服务进行控制，以保证其符合采购文件的要求。

（3）证明所购物项和服务（包括用于核电站运行、换料和维修的备件和更换件）符合采购文件要求的文字证据必须在安装或使用前送到核电站现场。文字证据可以采用注明该物项或服务已满足各项要求的合格书形式，但必须能够证明这些证书的真实性。

（4）供应商（分包商）在正式被批准之前，必须获得业主的审查、认可。已评价批准的供应商，质量保证部可将其列入"合格供应商清单"中，只能从合格供应商清单中选择供应商。

【案例】

某核电承压设备制造公司，在某反应堆压力容器接管安全端异种金属焊接中，焊缝出现质量问题。经查焊丝的质量是导致问题的原因之一。在焊丝的采购过程中，制造厂先后与国外两个供货厂家进行接触，A家生产的焊丝是国际上公认比较好的，B家生产的焊丝在国际上没有知名度，但价格比 A 低 10 美元/千克。经比较该制造厂选择了 B。在采购验收过程中，该公司第一次派了一名焊接技术人员进行源地验收，发现强度性能不满足要求而拒收。第二次由于签证等原因，没有派人进行源地验收，后期派一名普通采购人员到国外进行了文件记录确认，验收人员没有发现焊丝质量证明文件中存在不符合验收要求的问题，就签字认可。这批焊丝使用后最终还是导致焊缝出现质量问题。

七、物项控制

1. 物项（材料、零件和部件）的标识

标识的目的：区别不同类别、不同规格（型号）、不同批次、不同炉号等产品，以防混淆或混用，当有规定时可实现产品的可追溯性。

标识的方法：用卷标、标牌、标签或用随行文件记录等方法把批号、零件号、系列号直接标记或标识在物项上，或记载在可以追查到物项的记录上。如图 2-14 所示的是焊材标签。

《核电厂质量保证安全规定》对物项标识的主要要求如下。

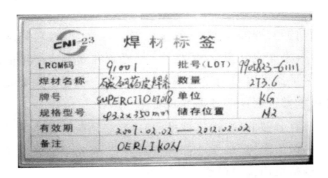

图 2-14　焊材标签

（1）必须最大可能地使用实体标识,在实际不可能或不满足要求的情况下,必须采用实体分隔、程序控制或其他实用的方法,以保证标识。这些标识和控制措施必须能在各种场合下防止使用不正确的或有缺陷的材料、零件和部件。

（2）在整个制造、装配和安装以及使用期间,标识必须完整清晰,不能含混或被擦掉。在使用这种方法时,不得影响物项的功能。标识不得被表面处理或涂层所掩盖,否则必须用其他的标识方法代替。当把物项分成几部分时,每一部分都必须保持原标识。

2. 物项的装卸、贮存和运输

《核电厂质量保证安全规定》对物项装卸贮存和运输的主要要求如下。

（1）必须制定措施并形成文件,以控制装卸、贮存和运输。这些措施必须包括按照已制定的程序、细则或图纸材料和设备进行清洗、包装和保管,以防损伤、变质和丢失。当特定物质需要时,必须规定和提供专用覆盖物、专用装卸设备及特定的保存环境,并验证是否具备这些措施。

（2）装卸、运输需要满足以下方面：

①装卸人员须合格,按资格评定程序评定。

②装卸吊具须合格,必须按程序要求定期检查、标识、维护、保养。

③要有装卸程序,装卸时按正确程序执行。

（3）装卸、运输期间应维护物项的标识,禁止野蛮装卸以防物项的损伤、变形或标识丢失;当装卸操作容易造成损伤时,应考虑使用诸如专用纸板箱、容器、保护装置、起重机、机械手和运输车等。必须按照经批准的程序使用和维护装卸物项用的设备,这些程序必须符合现行法规和标准。

(4)贮存分为露天贮存、仓库贮存和临时存放,贮存区应有清楚的标识。贮存应注意以下几点:

①物项要分类存放;

②危险品、精密仪器等都要分开贮存;

③要牢记碳钢、不锈钢是不允许接触的;

④贮存物项要有标识并要对标识进行维护;

⑤贮存区的环境条件要满足要求,并且要有防水、防潮、防火、防爆、清洁度等保护措施;

⑥不符合物项要隔离存放或标识。

3.物项维护

物项维护是施工中极其重要的一项工作,如果不做好物项维护会造成严重的损失。对于重要安全物项的维护,必须保证质量相当于该物项原来所规定的质量;物项在安装前、安装中、安装后都涉及维护。

八、工艺过程控制

《核电厂质量保证安全规定》对工艺过程控制有明确的要求。

(1)须按照规定的要求,对核电站的设计、制造、建造、试验、调试和运行中所使用的影响质量的工艺过程予以控制。

(2)当所达到的质量取决于所使用的工艺过程,且不能通过对成品的检查来验证时,这种工艺过程叫作特殊工艺过程。特殊工艺过程必须根据有关的规范、标准、技术规格书、准则的要求或其他特殊要求,制定措施并形成文件,以保证这些工艺由合格的人员,按照认可的程序和使用合法的设备,按现有标准来完成。

1.对特殊工艺过程的具体要求

(1)对于现有规范、标准、技术规格书和准则尚未包括的工艺或质量要求超出这些文件的情况,必须由技术部对人员资格、程序或设备的评定要求另行做出规定,并保存对工艺、设备、人员的评定记录。

(2)为了保证最终产品的质量符合要求,特殊过程控制必须要满足以下要求:使用合格的人员进行施工;使用合适的设备进行施工;使用经审批的程序进行施工;施工的环境要符合要求;使用合格的工艺进行施工。

2.核岛安装工程中涉及的特殊工艺过程及要求

(1)焊接、表面处理(喷砂、油漆、酸洗、钝化)、压线、热处理、无损检验、弯管。

(2)《民用核安全设备监督管理条例》第二十七条规定持证单位和民用核设施营运单位,应当聘用取得民用核安全设备焊工、焊接操作工和无损检验人员资格证书的人员进行民用核安全设备焊接和无损检验活动。

(3)民用核安全设备焊工、焊接操作工和无损检验人员,应当严格按照操作规程进行焊接和无损检验。

九、检查和试验控制

1.检查过程的控制

《核电厂质量保证安全规定》对检查和试验控制的主要要求有:

(1)为了确保物项、服务和影响其质量的各项活动符合已形成文件的程序、细则及图纸的要求,必须由从事这些活动的单位或由其他单位为该单位制定并实施关于这些物项、服务和影响其质量活动的检查大纲(也叫质量跟踪文件)。质量跟踪文件由质量计划、工作计划或任务单等构成。质量计划用于质量保证分级为 Q_1、Q_2 或 Q_3 级活动;工作计划用于质量保证分级为 Q_3 级的重复性作业活动;任务单用于质量保证无级 Q_{NC} 活动。如图 2-15 所示的是中广核工程有限公司工作计划首页。

(2)必须对保证质量所必需的每一个工作步骤都进行检查。对安全重要施工步骤的检查必须由未参加被检查活动的人员进行。

		王建波	熊作盛		冯永林	2009.1.12
C	CFC	王建波	熊作盛	根据业主 IMS 意见发布	冯永林	
B	PRE	王建波	熊作盛	根据业主 IMS 意见修改	冯永林	2009.01.06
A	PRE	王建波	熊作盛	第一次发布	冯永林	2008.12.10
Rev. 修改版	Status 状态	Drafted by 编制人	Reviewed by 审核人	Modification - Observation 修订 - 评语	Approved by 批准人	Date 日期

CHINA NUCLEAR POWER ENGINEERING COMPANY LTD.

中广核工程有限公司

HONGYANHE NUCLEAR POWER PLANT UNITS 1,2,3,&4

红沿河核电站一、二、三、四号机组

DOC. NO 文件编码	A	A	W	4	7	6	0	0	0	3	8	Z	N	2	3	4	4	S	S	

CNI-23	Application 适用	Classification codes 分类代码	Subdivisions 分部编号
	HYH		

Reference Document	P K X 4 7 6 0 0 0 0 9 Z N 2 3 0 4 S S　REV: H	CATEGORY	A: Identical	√
	(+FCR、FCN、DEN、CIN OR OTHERS，IF ANY)：		B: Modified	
	MWP-EM5.1-K002		C: New	

CNI-23 文件记录 FILING RECORD
C C S 1 0 1 1 5 1 1 8

MASTER WORK PLAN

主工作计划

PREFABRICATION OF WELDED DUCTS

通风焊接风管预制

CNI-23 原件 ORIGINAL

Document type
文件类型　工作计划（WP328 类）

Class
级别　N

Issued by:
THE 23rd CONSTRUCTION CORPORATION HONGYANHE PROJECT MANAGEMENT
发行：中国核工业第二三建设公司红沿河项目部

CPG　MWP-EM5.1-A002

SYMBOL 标记　INTERNAL IDENTIFICATION NUMBER 内部标识号

This document is the property of 23rd Co. It must not be used reproduced, transmitted or disclosed without the prior written permission of 23rd Co.
二三公司编制的文件未经二三公司同意不得外用、复印和泄漏。

图 2-15　工作计划首页

【资料链接】

控制点类型

控制点有:W 点、H 点、R 点和 C 点。

W 点——见证点:如果指定的见证单位未按规定的时间到场见证,工作可继续进行。

H 点——停工待检点:未经指定的见证单位批准,不得进行停工待检点以后的工作。如果进行规定的停工待检点以后的工作,则必须在开始该工作之前,得到见证单位的书面授权批准。

R 点——报告点。只有检查或试验报告形成后,检查或试验操作才算完成。

C 点——检查点。Q_1 选择的检查工序都为 C 点。

2.测量和试验设备的标定和控制

要完成检查和试验必然要使用测量工具和试验设备,为了保证检查和试验结果的准确性,必须对测量和试验设备进行控制,在《核电厂质量保证安全规定》中有如下明确要求。

(1)为了确定是否符合验收准则,必须制定一些措施,以保证所使用的工具、量具、仪表和其他检查、测量、试验设备和装置都具有合适的量程、型号、准确度和精度,即使用的工具和设备要合适。

(2)为了使准确度保持在要求的限值内,在规定的时间间隔或在使用之前,对影响质量的活动中所使用的试验和测量设备必须进行控制、标定和调整,即要定期对测量工具和设备进行检查。

(3)当发现偏差超出规定限值时,必须对以前测量和试验的有效性进行评价,并重新评定已试验物项的验收。

(4)必须制定控制措施,以保证适当地装卸、贮存和使用已标定过的设备。

(5)选择适用于执行某一活动的测量和试验设备的量程、型号、准确度和精确度是负责该项活动的组织的责任。

（6）现场所有使用的测量和试验设备都必须按照程序中规定的周期进行标定。

（7）只有贴上标定合格的标签且在有效期内的测量和试验设备才允许在现场使用。

（8）标定过期的或无合格标签的测量和试验设备禁止在现场使用。

（9）新买的或借用的测量和试验设备，也必须有合格的标签且在有效期内才能使用。

3.检查、试验状态标识

《核电厂质量保证安全规定》对检查、试验状态标识有如下明确的要求。

（1）物项的检查和试验状态，必须通过使用标记、打印、标签、签条、工艺卡、检查记录、实体位置或其他合适的方法予以标识，指明经过试验和检查的物项是否可验收或列为不符合项。必须在物项的整个制造、安装和运行中按需要保持检查和试验状态的标识，以证明只能使用、安装或运行已通过了所要求的检查和试验物项。

（2）状态标识的目的是防止未经检验或检验不合格的产品被误用或混用。

（3）状态标识对象包含：原材料、半成品和成品。

（4）状态标识可以分为以下四类：

①未检验或待检；

②已检验待判定；

③检验合格；

④检验不合格。

十、对不符合项的控制

不符合项是指性能、文件或程序方面具有缺陷，因而使某一物项的质量变得不可接受或不能确定。控制不符合项可防止不满足要求的物项误用或误装。在《核电厂质量保证安全规定》中对不符合项的控制有如下明确的要求。

（1）为了保证对不符合要求的物项的控制，在实际可行时必须用标记、标签或实体分隔的方法来标识不符合要求的物项。必须为不符合要求的物项或带有缺陷的物项制定控制下一步工序、交货或安装的措施,形成文件并予以实施。

【资料链接】

有缺陷与不合格的区别

有缺陷和不合格是两个不同的概念。缺陷指未满足与预期或规定用途有关的要求,一般指特定要求如安全性有关要求。有缺陷的产品一定是不合格品,而不合格品不一定有缺陷。例如生产一批茶杯,生产出来后,检验发现有两个不合格,一个已经破碎,另外一个尺寸比计划的要小,但没有破碎,不影响使用。那么破碎的那个就是有缺陷的产品,尺寸小的虽然是不合格品,但是没有缺陷。

(2)不符合项的临时处理措施有三类:挂标签、可能时用实体隔离、必要时停工。不符合项标签为蓝色表示该不符合项不影响后续施工,可以继续后续工作;不符合项标签为红色表示该不符合项会影响后续施工,不能继续后面的施工。如图 2-16 所示的是不符合项标签。

图 2-16   不符合项标签

（3）不符合项的处理方法共有四种：不加修改地接受（即原样接受使用）、返工、返修、拒收或报废。对返工、返修的不符合项必须按合适的程序重新进行检查。

【资料链接】

返工与返修的区别

返工和返修是两个不同的概念。返工是指通过再加工、再装配或其他措施，使不符合物项恢复到原设计规定的技术要求的过程。返修是指将原不符合物项的安全可靠地执行其功能的能力，恢复到不受损害的状态的过程。返工后还可成为合格品，返修后为不合格品，但能满足预期用途。例如按要求加工一个 φ30mm 的轴，加工出来后直径比原来大了0.1mm，经检验不符合要求，需再处理，经处理后达到 φ30mm 的要求，这个过程是返工。如果加工出来后比原来小了 0.1mm，经检验为不合格，经修补后虽然能达到 φ30mm，但轴本身质量已经发生变化，经过修补后的轴还能够满足使用要求，这个过程是返修。

（4）停工通知。当发现的不符合物项被认定有害或可能有害于质量，必须停止该物项的某些工作时，业主或承建单位质量保证或质量控制人员有权发出停工通知，但须质量保证经理批准。

在施工现场若发现了不符合物项，都应及时报告质量控制人员，不能隐瞒。发现了不报告，私下处理，这是绝对不允许的，这严重违反质量保证要求。

【案例】

某核电站施工单位从社会上招进若干名持证焊工，因施工需要，只对他们简单进行质量保证讲解后就投入焊接工作。他们在施焊时，经常产生焊缝气孔严重超标的不符合项。经分析，认为是由于当时正值雨季，焊条有可能未按要求烘干所致。但经调查，焊条在库内是经过严格烘干后发放给焊工使用的。在此期间类似不符合项还是经常发生。经监督人员进一步调查,发现焊工为使用方便,在焊接过程中把焊条整把从保温筒中拿出来放在地上,随用随取,因施工环境空气湿度大,焊条再次受潮,使焊缝中气孔严重超标。

十一、纠正措施

对出现下列情况之一时,《核电厂质量保证安全规定》要求采取必要的纠正措施。

(1)发生了重大的不符合项;

(2)同样或类似的有损于质量的不符合项重复多次发生;

(3)出现严重有损于质量的不符合情况;

(4)业主有重大投诉时。

【资料链接】

纠正与纠正措施的区别

纠正是指为消除已发现的不合格所采取的措施,它可通过返工、修理或调整对现有的不符合项进行处置,是就事论事,是一种纠正行动;纠正措施指为消除已发现的不合格或其他不期望情况的原因所采取的措施,它是一种分析问题根源,找出根本原因,并针对原因采取防止同类问题再次发生的措施,涉及消除产生不符合项的原因。例如,施工中出现了大量的焊口探伤不合格,主要缺陷是气孔,针对这个情况,施工队按返修程序对焊口进行了返修并探伤合格。这个处理过程叫纠正。如果进一步对造成返修的原因进行分析和追查,发现是在焊条烘干时没有按规定的温度和时间进行,且在焊前对焊口的清理不彻底,这些原因导致了焊口返修率高,针对这些问题相关部门制定了整改措施并严格执行,使合格率达到了可以接受的范围。这一处理过程叫纠正措施。

纠正措施是对已经发生的问题采取应对措施消除问题再发生的根源,预防措施是为消除潜在不合格或其他潜在不期望情况的原因所采取的措施。采取预防措施的目的是防止不合格发生，是纠正措施的一部分。

十二、记录

对"质量保证大纲编制、组织的形式和职责、文件控制、设计控制、采购控制、物项控制、工艺过程控制、检查和试验控制、对不符合项的控制、纠正措施、监察"这些质量保证环节都应该留下记录，以证明我们的工作是按计划在进行。

1.记录的分类

记录是指为已完成的活动或达到的结果提供客观证据的文件。记录可分为永久性记录和非永久性记录。

（1）永久性的记录是移交业主的交工资料，永久性的记录由业主保存40年以上，与核电站寿命周期相同。

（2）非永久性记录是为证明工作按规定要求完成所必需的一些记录，如质量保证监查、监督报告，程序审核单，质量保证大纲文件，程序和评定报告类的记录等。非永久性记录保存的时间是工程结束后3～5年。

2.质量保证记录的编写要求

记录中必须有质量的客观证据，包括审查、检查、试验、监查、工作执行情况的监视、材料分析等结果。所有质量保证记录都必须字迹清楚、完整，并与所述的物项或服务相对应。

3.质量保证记录的收集、贮存和保管要求

（1）必须按书面程序和细则建立并执行质量保证记录制度。

（2）记录的贮存方式必须便于检索，并将记录保存在适当的环境中，以尽量减少变质或损坏和防止丢失。

（3）必须以文件的形式对质量保证记录、有关的试验材料和样品的保存时间做出规定。

（4）对不需要全寿期保存的记录，必须根据该记录的类别规定相应的保存时间。必须根据书面程序处置。

4.质量保证记录是客观的证据

在核电站中"没有质量保证记录,就等于没有质量"。质量保证记录必须是真实的,绝对不能伪造。

【案例1】

大亚湾核电站曾发生过一个焊口质量跟踪文件(TQP)丢失,虽然该焊口的射线检验已合格,但业主仍要求割掉焊口重焊。

【案例2】

20世纪80年代美国在俄亥俄州建造了一座"贼玛核电站",该电站建成后在接受政府核安全机构验收发证前的检查时发现缺少必要的文件和记录,最终未给该核电站发运行许可证,只好改成火电站使用。

以上两个案例说明:"没有质量保证记录,就等于没有质量。"

十三、监查

质量保证体系是否正常运行关系到核电建设的质量是否有保证,因此要定期对质量保证体系的运行情况进行监查,这种监查涉及所有与质量有关的部门,监查主要有内部监查和外部单位监查,监查的内容包含了"质量保证大纲"和"核安全法规"中所有内容。

(1)必须采取措施验证质量保证大纲的实施及其有效性。

(2)必须根据需要执行有计划的、有文件规定的内部及外部监查制度,以验证质量是否符合质量保证大纲的各个方面,并确定大纲的有效性。

(3)参加监查的人员必须是对所监查的活动不负任何直接责任的人员。

(4)通过内部及外部监查验证公司的各项活动是否符合质量保证大纲所有方面的要求,并确定质量保证大纲的有效性。对影响质量活动的质量保证大纲的各个方面,每年至少进行一至两次监查。

（5）在监查过程中被监查组织（人员）应配合监查组的工作，提供查看其设施、文件和记录的便利条件。

（6）被监查组织应在要求的期限内完成纠正行动或纠正措施，并按质量保证的要求提交相关文件和记录。

【资料链接】

核电站质量保证法规的导则

导则，顾名思义，含引导、规则的意思。导则一般由国家行政管理职能部门发布，具有一定的法律效力。核电站质量保证法规的导则是对核电站质量保证法规的说明和补充。

一、国际原子能机构发布的《核电厂及其核设施安全质量保证》的导则简介

1996 年，国际原子能机构发布《核电厂及其核设施安全质量保证》的导则有 14 个，包括 IAEA50-SG-Q1《质量保证大纲的制定和实施》、IAEA50-SG-Q2《不符合项控制和纠正措施》、IAEA50-SG-Q3《文件控制和记录》、IAEA50-SG-Q4《验收的检查与试验》、IAEA50-SG-Q5《质量保证大纲实施的评价》、IAEA50-SG-Q6《核物项和服务采购中的质量保证》、IAEA50-SG-Q7《制造中的质量保证》、IAEA50-SG-Q8《科研和开发的质量保证》、IAEA50-SG-Q9《选址的质量保证》、IAEA50-SG-Q10《设计的质量保证》、IAEA50-SG-Q11《建造的质量保证》、IAEA50-SG-Q12《调试的质量保证》、IAEA50-SG-Q13《运行的质量保证》、IAEA50-SG-Q14《退役的质量保证》。

二、我国国家核安全局发布《核电厂质量保证安全规定》的导则简介

我国国家核安全局发布的《核电厂质量保证安全规定》的导则共有 10 个，包括：HAD003/01《核电厂质量保证大纲的制定》、HAD003/02《核电厂质量保证组织》、HAD003/03《核电厂物项和服务采购中的质量保证》、HAD003/04《核电厂质量保证记录制度》、HAD003/05《核电厂质量保证监查》、HAD003/06《核电厂设计中的质量保证》、HAD003/07《核电厂建造期间的质量保证》、HAD003/08《核电厂物项制造中的质量保证》、

核电站质量保证

HAD003/09《核电厂调试和运行期间的质量保证》、HAD003/10《核燃料组件采购、设计和制造中的质量保证》。以下是《核电厂质量保证安全规定》所属部分导则的简单介绍。

1. HAD003/02《核电厂质量保证组织》

导则为从事对核电站的质量有影响的工作的单位在建立组织、配备人员和组织机构说明文件的编写方面提出要求、建议和说明性例子。它对如何管理各单位间的接口和如何建立指导和协调工作的渠道提供指导。

2. HAD003/03《核电厂物项和服务采购中的质量保证》

导则对各种采购活动的组织、实施和管理提出了要求和建议。本导则按照采购活动的顺序对采购的几个主要环节提出要求和建议,包括制订采购计划,采购文件的编制、审查、分发和变更的控制,对物项和服务供方的选择,评标的签订合同,买方评价供方的工作,买方的验证活动和物项与服务的验收。

3. HAD003/04《核电厂的质量保证记录制度》

导则对如何建立和实施核电厂质量保证记录制度提出了要求和建议,包括对有关核电厂设计、制造、建造、调试和运行等方面的记录的标识、收集、编索、归档、贮存、保管和处理。

4. HAD003/06《核电厂设计中的质量保证》

导则对核电厂物项设计的质量保证提出要求和建议。它规定了对设计过程的控制要求和建议,包括设计输入、设计过程的计划和实施、设计接口、设计单位和其他单位之间的联络、设计验证、设计变更的控制要求。

5. HAD003/09《核电厂调试和运行期间的质量保证》

导则对核电厂调试、运行和退役阶段中用于安全重要工作的质量保证大纲的制定和实施提出要求和建议。它适用于核电厂的下列工作:调试、检查、试验、运行、换料、维护、修理、修改、最终停闭和退役。它也适用于与安全有关的工作:辐射防护、环境监测、放射性废物管理、应急响应和安全保卫。

第三节　总承包模式下核电站建造的质量管理

核安全在核电站的质量要求中占有特殊的重要地位,核电站质量应满足的要求由两类文件明确地规定:一类是国家核安全条例和法规以及质量管理和质量保证的国家标准;另一类是适用于核电厂建设的技术标准和规范以及技术条件、规格书等技术文件。这两类文件构成了核电工程项目全部质量活动的法定目标和依据。核电站建造的质量管理通过严密的合同关系,分解到全体项目参与单位各自承担的责任中。

一、核电站建造总承包模式的特点

我国核电站建造模式经历了业主自行设计建造(如秦山核电站一期),引进技术和设备、由国外公司总承包建造(如大亚湾核电站、秦山核电站三期),逐渐过渡到国内一家公司总承包、专业分包模式。

所谓"一家总包,专业分包",是指同一座核电站建造由一家单位总承包,其专业性较强的部分,由专业化施工单位分包的模式。这是国际通行的一种承包模式,也是我国倡导的一种模式。一家总包、专业分包的优点主要有以下几点。

(1)有利于合同管理。在业主与承包商,承包商与分包商之间是以合同为纽带建立权利与责任关系,这种关系是全过程的合同关系。由于层次清楚,关系明确,所有工作(包括技术和商务)都按合同办事,不受其他因素干预,这样就有利于业主对承包商的管理,能够确保各项工作按既定目标实现。

(2)有利于进度、质量、成本三大控制目标的实现。

①一家总承包减少了单位之间的接口,不但可以减少许多费用,还有利于工程施工的协调,有利于施工单位编制和调整进度计划,保证工程节点目标的如期实现;

②在质量保证体系建立、质量检验和工程质量管理方面,有利于体系文件的建立和法规、制度的落实;

③有利于优化配置资源,降低成本,可以避免在一个施工现场同时配备几套人马和设备的现象,可对控制成本、降低各项费用起到很好的

作用。

(3)有利于资源的节约和共享。

①避免价值较为昂贵的施工设备、机具重复购置,可以节约很多资金,降低造价;

②能够合理地配置检验、试验器具;

③可充分利用和节约人力资源,减少对各类人员培训的费用。

(4)有利于专业化技术水平的提高。专业化施工单位分包,不仅可以确保工程质量,而且还能不断提高工艺水平,把自己所分包的工作做细、做精。同时专业化队伍人员的素质也会不断地得以提高。

二、核电站建造单位要建立完善的质量保证体系

核电站建造的质量保证是在业主领导下,由全体项目参与单位共同承诺和有效实施的对质量监督和质量控制进行管理和控制的活动,也是对业主自身和全体项目参与单位的组织机构、人员资格、规章程序等的有效性进行全面管理和控制的活动。核电站建造项目的质量保证体系是一个从业主到各级承包商的分层的网络体系。它包括:质量保证大纲的文件体系、质量保证组织的机构体系、质量保证要求的分级体系。

1.质量保证大纲及文件体系建设

质量保证大纲及文件体系中的文件由以下两大类文件组成。

(1)管理方针和程序(即质量保证大纲概述和大纲程序);

(2)技术性的程序和细则(即工作计划和进度,工作细则、程序和图纸)。

业主单位应按照 HAD003 和相关法规建立核电站设计建造阶段质量保证大纲。总承包方在与业主单位签订总承包合同后,应依据 HAD003 及导则和总承包合同的要求,编制总承包方核电站建造质量保证大纲,同时建立配套的大纲管理程序,重要项目参与方的质量保证大纲均须业主单位的审查认可。

2.质量保证组织的机构体系

凡事有人负责、凡事有人监督,因此业主单位、总承包方和各级承包商必须为承担的项目任务建立明确的组织机构,明确职责,并且组织机构必须设置专职的质量保证部门,配备专职的质量保证人员和质量控制人员。依照法规每个参与单位的质量保证部门的应有必需的权力和组织独立性,质量保证的监查、监督等专职人员必须具备规定的资格。

总承包模式下的核电站建造,在项目的启动阶段主要由业主负责,在签订总承包协议后,从启动阶段的可行性研究报告、环境评价报告到设计建造阶段的设备采购、土建施工以及后期的调试和试运行全由总承包方负责管理。

3.建立三级质量保证质量控制体系

核电站建造的质量管理是指业主单位与它的合作伙伴在质量方面的指挥、监督和控制活动。这些活动包括制定质量方针、质量目标,进行质量策划,实施质量控制、质量保证和质量改进。核电站建造应在业主的负责下,全体项目参与单位建立相应的质量保证和质量控制体系,包括业主、总承包方和主要分包商、低层分包商(作业责任单位)三级质量保证体系,如图 2-17 所示。

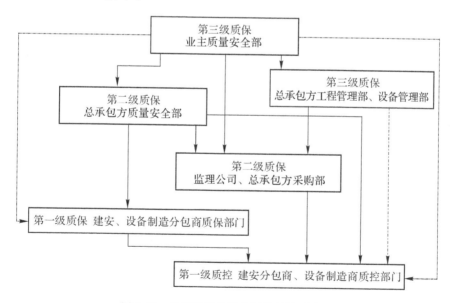

图 2-17 三级质量保证质量控制体系流程

三、核电站建造中的质量管理活动

核电站建造中的质量活动主要有质量监督和质量控制两方面。质量监督主要是三级质量保证组织中的质量保证人员对各自参与范围内的质量保证体系予以监查和监督,以保证核电站建造中质量保证大纲实施的有效性和适宜性。质量控制主要是三级质量控制组织中的质量控制人员对安装工程的质量做见证和控制。

1.核电站建造中的质量保证

业主单位的质量保证部门在核电站建造期间,依据工程进度的安排,每年制订内、外部质量保证监查和专项监督计划,每年对本单位所涉及的核电站设计管理、设备管理、工程计划、工程管理、工程合同、生产准备进行质量保证监查,以验证核电站质量保证大纲运行的有效性和适宜性;对项目总承包方实施质量保证监查,对总承包方的项目质量保证体系运行有效性进行监查,内容涉及总承包范围内的项目进度控制、质量管理、设备采购、设计管理、施工管理等。

业主单位依据总承包合同参与总承包方组织的对其各级分包方的质量保证监查,验证各级质量保证分大纲运行的有效性,对于质量保证监查中发现的纠正行动要求,在监查报告要求项目参与方限期实施纠正,质量保证监查人员进行跟踪监督。对涉及核安全 Q_1、Q_2 级以上和提高核电机组可用率的项目,审查分包方的项目质量保证大纲,实行审查认可,并备案。

总承包方每年针对项目管理情况制订内、外部质量保证监查计划,并递交业主单位,按计划执行内部质量保证监查,验证总承包方的项目质量保证大纲执行的有效性,开展对分包方和设备制造商的质量保证监查,对于总承包合同附录规定的重要分包方和制造商邀请业主方参与监查,监查后将监查报告抄送业主单位,并将监查中发现问题的整改、跟踪结果通报业主。

总承包方在核电站现场设立现场项目部,其现场质量安全部负责建安工程施工的质量保证管理;组织对施工方进行供方评价,参与和监督施工方组织的对分供方的评价,审查批准施工方提交的分供方清单;负责安装工程中的不符合项管理,负责向业主报送较大类(E_2级)以上外部不符合项报告和提交所有不符合项的清单,组织对施工方进行监查和监督。其间业主质量保证部对其各项工作进行监查和监督。

分包方和设备制造商依据合同和项目质量保证大纲的要求编制项目质量保证监查和监督计划,按计划开展质量保证监查和监督,业主和总承包方在对其质量保证监查中,应审查其内部质量保证监查和监督执行情况以及纠正行动整改完成情况。

2.核电站建造中的质量控制活动

核电站建造活动的承担者是设计单位、设备制造商和土建施工单位与安装施工单位,因而质量控制也是作业责任单位作业活动的组成部分。在作业责任单位内部,从事质量控制的人员必须对实现工程质量无直接的责任。业主、总承包方或委托的监理公司等单位的质量控制是独立于作业活动的外部控制,不转移作业责任单位承担的质量责任。作业活动承担者的内部质量控制与作业活动管理委托者的外部质量控制构成了完整的质量控制体系。

核电站建造项目的作业活动包括设计、设备采购和制造与安装等三个主要领域。不同领域作业活动的任务范围与活动方式完全不同,因而质量控制的要求与方法也有很大差异。

(1)设计。做好核电厂的设计工作关键是设计输入和设计验证,业主单位的设计管理部与总承包方的设计管理部进行接口,业主单位的设计管理部门组织运行电厂原有的各专业技术人员对总承包方提交的各类设计规格书、设计图纸进行审查,当专业人员认为必要时可邀请外部专家进行审查。总承包方的设计管理部应对重大设计进行设计验证,可依托设计院的技术力量组织对设计部门提供的设计输出进行验证。

(2)设备采购。核电站的大部分设备由总承包方负责采购,总承包方应建立完善的采购管理流程,如图 2-18 所示。

首先,由总承包方的设计部门编制设备规格书,业主设备管理部门审查,然后由总承包方采购部进行市场调研,并由总承包方的质量保证部组成供方评价组对采购部的调研结果逐一进行潜在供方评价,其间业主单位应依据总承包合同附录中选择性地参与总承包方组织的供方评价,只

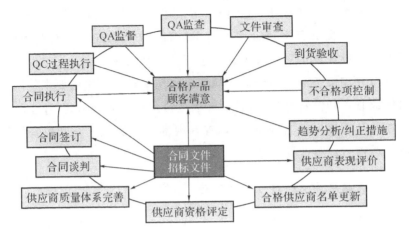

图 2-18 设备采购管理流程
说明:QA 质量保证,QC 质量控制。

有经过潜在供方评价合格的供方才能参与设备的投标,即总承包方采购只能把标书发给经过评价为合格的供方,其间业主单位质量保证部审查总承包方质量保证部提交的供方评价报告、资料和分供方清单,对总承包方质量保证部门提交的供方评价报告有异议时应发出工作联系函,要求总承包方做说明或提供补充资料。采购前由总承包方合同部和采购部准备设备采购招标文件,业主单位工程合同部、设备合同部、质量保证部对在总承包合同附录中的设备招标文件进行审查,提出审查意见,要求总承包方采纳业主的意见,对于不能采纳的要求总承包方应说明原因。业主单位工程合同部、设备合同部人员参与标书评判,在确定中标方后,由总承包方组织合同谈判,业主单位工程合同部门、设备合同部门、质量保证部门人员参与总承包方的采购设备合同谈判,在采购合同中应明确业主参与监督的权利。对于设备采购中双方有分歧的情况,由双方协调解决。

在设备制造中,各设备制造单位按照其质量保证大纲的要求,建立相应的质量控制组织机构,负责设备制造中的质量控制。依据设备采购合同,总承包方和业主单位开展对设备制造商的监督管理,包括设备监造、质量计划见证、工艺性文件检查、分供方选择、文件审查等。总承包方派驻制造商人员对设备的制造进行监造。

(3)设置现场项目部。总承包方现场项目部设置若干专业部门,负责建安活动中的质量管理,设计接口管理,土建、安装施工管理等,其中的施工管理部门负责安装工程的施工管理和监督,包括各种施工方案和施工组织设计的审查和批准、现场施工管理和检查。土建、安装施工管理中的质量控制应由总承包方委托专业监理公司执行,专业监理公司在建设现场应成立核电站项目监理部,执行被委托的工程建设监理任务。施工方编制的质量计划经内部批准后,提交专业监理公司审查选点,然后由总承包方审查选点,对于 Q_2 级以上的项目再由业主工程管理部门和质量保证部门审查并选点,最后返回施工方执行。专业监理公司和总承包方现场的施工管理部门参与施工方的各种施工材料的验收。专业监理公司的各项工作接受总承包方现场项目部和业主单位质量保证部的监查和监督。

（4）不符合项的控制。在总承包合同签订后,业主单位和总承包方对不符合项的管理进行研讨,商定对不符合项的分级管理模式,并要求总承包方把不符合项管理要求延伸至各级分包方,各级分包方均要编制《不符合项管理程序》,并予以实施。

在总承包模式下,核电站建造中所实行的三级质量保证和三级质量控制对于保证核电站建造的质量是有效的,特别是在核电工程设计、现场施工管理、质量体系运作中更为有效。

第四节　核电站安装施工管理和质量监督

核电站建造期间的安装施工包括三大部分:核岛机械电气及仪表控制设备的安装、常规岛机械设备的安装和核电站配套设施的安装。这三大部分的安装工程一般都会由三个安装工程公司分别承担。在核电站设备安装工程中,核岛安装工程难度最大,专业性最强,技术含量最高,质量管理和控制也最为严格。可以说,核岛安装工程的质量是核电站安装质量优劣表征的总代表。

一、核电站安装施工工作包

按照法国法玛通核能公司（Framatome）的管理办法,核岛安装涉及10个工作包:

（1）重型吊装设备;

(2)主回路系统安装；

(3)辅助设备安装；

(4)辅助管道预制及安装；

(5)暖通空调预制及安装；

(6)核岛保温预制及安装；

(7)现场预制贮罐；

(8)核岛电气；

(9)核岛仪器仪表；

(10)小于等于40t的起重设备。

上述的10个工作包都含有大量的施工内容。整个核岛安装工程要历时4年,在安装高峰期,每天有2 000多人在核岛厂房内进行几千种不同的安装工作。

二、土建和安装施工管理总要求

核电站建造项目管理要坚持"以我为主"的方针,锐意创新管理,坚决贯彻项目法人责任制、招投标制、监理等有效的项目管理制度。从工程前期准备到核电站建造成功,实现自主化管理,高质量地完成安全、技术、质量、进度和投资五大控制任务。为了实现总的目标,在土建和安装施工管理上有如下要求。

1.组建施工经理部

施工经理部上承设计和设备供应,下接调试启动和移交生产,同时,还要承担项目建设监理的全部责任和义务。为此要选好施工经理部的项目总监,并设置相应的管理机构。

2.做好开工前期准备

土建工程的前期准备包括：
(1)优选施工承包商；
(2)制定高标准的工程目标；
(3)准备细致的合同文本；
(4)设计有效的施工组织,包括综合工程管理、技术管理、质量管理、典型施工方法和大型设备吊装运输等。

3.做好人力动员与培训

(1)对施工承包商人力动员的监督管理。

(2)加强骨干力量的配备和后备力量的准备。

(3)有针对性地强化培训,业主对关键岗位的人员可实行再考核制度。

4.建立严密的计划体系

(1)工程总体计划管理体系。工程一级进度为总进度,涉及土建、供应,安装和调试等方面的重要活动。工程二级进度是各承包合同之间的接口与协调进度,它包含工程中所有厂房和构筑物土建施工、系统设备、通风、电气仪表安装、系统调试各项活动内容,并确定系统完工报告日期。

(2)计划与进度控制实行程序化管理。一级进度计划调整报董事会审批,二级进度计划调整由总经理批准。

5.建立严格的质量管理体制

(1)业主和承包商制定"零缺陷"的质量追求目标。

(2)建立严密的质量管理体系,承包商要实施"一级质量保证 QC_1,二级质量控制 QC_2"制度。

(3)业主工程的质量检查人员实行严格的质量验证。

(4)要求各承包商定期编制并报告质量趋势分析。

6.建立安全管理制度

业主在开工前要在"安全第一,预防为主;保护员工,保护环境"方针的指导下,建立安全管理制度,为落实安全生产责任制做好准备。

7.建立工程完工管理及移交制度

所有厂房和系统设备的移交过程均须遵照业主编制程序进行,并提供安装竣工报告。

三、核岛安装施工计划和施工组织设计的审批

1. 核岛安装工程的前期准备

当安装工程公司签订了核电站某一安装合同后,承包公司就必须抓紧准备施工,组建项目经理部,明确各部门和主要负责人员的职责,抓紧编写"施工组织设计"文本并送业主审批。这是一件不可缺少的管理工作。

"施工组织设计"包括承包公司对执行安装施工活动的全面承诺和详尽的策划,主要涉及 4M1E 五个方面的内容,如对人力动员、组织机构、机具准备、工程进度、施工方案、管理模式、人员培训、工作程序和计算机应用等方面进行细致的规划。

承包公司的"施工组织设计"必须提交业主审查批准,并作为今后开展施工活动的依据。

2. 核岛安装进度计划编制

核岛安装承包公司依据业主提供的核电站建造一级计划和二级进度计划,将整个核岛安装工程分解成若干项活动,并综合考虑土建房间移交,设备、材料、图纸、文件交付时间,以及安装公司自身的生产要素的配置,编制三级进度计划并经业主审查批准,成为合同的一部分,这称为安装合同计划。随后,承包商在三级进度计划的基础上,进一步细化,将核岛安装工作再细分,编制可供执行的四级进度计划。五级计划由各施工单位编制,它是用于指导各施工单位工作的执行计划。执行计划要体现月度施工活动的重点和应达到的计划指标。

3. 核岛安装进度计划的控制方法

法国法玛通核能公司将综合施工条件(包括文件程序、标准规范、材料准备、施工及管理、人员素质和施工环境等因素)下,一名合格的工人在 1h 内完成某项实物工程的数量,称为 1 个"点"。

核岛安装工程的实物工作量分为 10 个工作包,每一工作包的安装分项工程量都根据所消耗的标准工时转化为相应的点数。

业主以"点"的形式对核岛安装工程实物量进行统计、进度管理和合同支付的计算机管理系统称为"点系统"。"点系统"针对各个安装工作包不同的安装性质,制定了详细的点数计算规则。对每一安装分项又分为实物安装工作点数和完工文件交付工作点数。

由于"点系统"实现了对工程量的量化管理,使工程量统计工作变得准确和方便,可作为合同支付时的基础。使用"点系统"为计算机管理工程量统计提供了可能,它可快速、准确地提供工程安装数据,对工程进度情况进行分析和预测。

业主要对承包商申报的"已完成实物工程量进度数据"进行抽样检查;抽查不合格率要小于等于 1%,否则该工程承包商所申报的当月工程量记录要全部退回,并责令其全部复查,下月重新进行申报。

四、核电站核岛安装施工程序、工作细则及图纸的管理

为保证核岛安装过程中与质量有关的活动都能按照适用的书面程序、图纸和指示书实施,在工程初期就应建立一整套质量管理体系文件,包括质量保证大纲,质量保证大纲管理程序,部门管理程序,内、外部接口程序,工程计划、统计、协调等工程管理程序,施工操作和检查技术的工作程序,各类工作细则,各类质量计划,以及各类专用质量跟踪文件。从工程开工至结束,大多数程序都要进行数次适应性修改。

由于整个核岛工程设计图纸是由设计单位提供的,所以对于施工中出现的各种修改图纸的要求,一般采用现场变更申请单来传递。

五、核电站核岛安装过程的管理

1. 物项安装前的验证

核岛任何物项安装前都要经过下列验证:物项的标识、部件的实体状态和现场条件等。即物项或材料到货后,业主、供应商及承包商要进行多层次的检验,要填写运输状态证书、包装状态证书和设备状态证书表。在贮存和安装期间要重视设备的维护,要保证设备和材料自始至终完好无损。当设备或材料短缺或损坏时,须以材料问询单形式直接向供应商进行查询和催交。当某个部件损坏或短缺需要用另一台机组或另一个系统的部件代替时,要办理材料转移申请单。施工单位领用材料时要填写领料单。

2. 机械设备和系统安装、质量跟踪管理模式

安装过程控制是一个有计划的安装作业体系,要控制影响质量的各种因素,使安装质量符合要求。安装单位要做质量跟踪管理,质量跟踪文件包括质量计划、工作计划和任务单。质量计划用于质量保证 Q_1、Q_2 级物项;工作计划用于质量保证 Q_3 级的物项;任务单用于质量保证 Q_{NC} 级别的物项。

3. 安装过程的管理与质量控制

在核岛安装过程中,安装单位要建立"一级质量保证、二级质量监督"的质量管理模式。所谓"二级质量监督"是指在质量保证经理下设立独立于生产职能组织之外的质量监督组织。二级质量监督组织对一级质量监督验收合格的产品(半成品、成品)进行最终的验收检查,并行使质量否决权。

核岛设备和系统安装完后,必须对物项的安装正确性进行验证、清洗,并进行符合性检查。

4. 已安装设备和系统的符合性检查

当核岛设备和物项安装完毕及进行单项规定试验后,必须进行检查,以验证安装是否符合规定的要求。整个系统的全面检查称为"符合性质量检查"。它是一种有计划、有组织的质量控制活动,如图 2-19 所示。

通过符合性检查能够有效地控制整个系统的施工质量,为今后系统交付业主打下良好的质量基础。

符合性检查通常是在系统回路进行水压或气压试验之前进行的。它包括现场实体符合性质量检查和文件质量数据包符合性检查两个方面。

(1)现场实体符合性质量检查,检查内容包括:

①对试压流程图所涉及的支架、管道和阀门等进行符合性检查;

②发布符合性检查消缺单;

③验证符合性检查消缺单的执行情况;

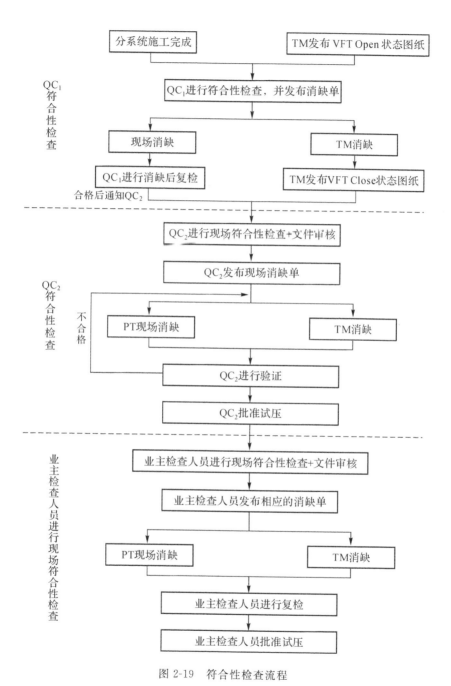

图 2-19　符合性检查流程

说明:TM 指技术管理部,VFT 指已验证的试验,PT 指工程和设计进度文件,QC 指质量控制。

④验证保留项的状况；

⑤符合性检查合格后发布符合性检查通知单及水压试验"保留项"清单，并进行文件质量数据包符合性检查；

⑥跟踪检查水压试验，并在水压试验报告的"批准栏"中签字。

(2)文件质量数据包符合性检查，检查内容包括：

①试验报告；

②现场修改申请变更、不符合项清单及其状态；

③清洁度检验报告；

④符合性检查报告；

⑤保留项清单；

⑥阀门安装报告；

⑦质量跟踪文件；

⑧发布文件符合性检查消缺单；

⑨验证文件符合性检查消缺单的执行情况；

⑩文件符合性检查合格后批准水压试验。

5. 焊接工艺过程管理与质量控制

(1)业主对核电站金属焊接过程及质量控制会设立一个组织机构，统一负责各承包商金属焊接质量控制。针对不同的承包商都要有专人与其接口管理。各承包商也应设立焊接培训中心（或焊接培训室），统一培训本公司焊工的技能和进行资格管理，并负责各种焊接工艺评定文件的编制及实施。

(2)金属焊接施工过程管理。焊工接到一个施焊作业时，会收到一份焊接管理机构提供的典型质量计划。典型质量计划详细规定了采用何种焊接工艺规程或工艺卡、焊材型号和质量检查方法等。焊接坡口准备、组对和内外清洁由管道队人员负责，焊工专注施焊。焊接现场一般都不少于2人。若典型质量计划上有见证点时，各方质量监督人员需要到现场检查验证，并在质量计划上签字放行后，焊工才能继续随后的作业，直到整个焊口施焊完毕。

(3)焊口施焊后的检查。按典型质量计划规定，焊口必须进行外观目视检查，然后通知无损检测人员做各种表面和体积检查，合格后才关闭典型质量计划。

（4）业主对金属焊接的监督方法。

①计划监督。业主质量监督人员对"重要焊件"的施工要进行系统的监督。监督内容包括焊接数据包、工艺评定报告、焊工考核报告、焊材检验报告、产品见证件检测报告和典型质量计划准备情况，并设置见证点、焊接管理和工作程序、不符合项实施状态、无损探伤检查程序及质量计划可达性等。监督人员都要编制上述计划的监督报告。

②日常现场监督。质量监督人员日常监督就是按质量计划上的见证点规定，出席某个焊口的现场见证活动。监督见证合格后，质量监督人员在质量计划上签字放行。

③对现场发现问题的跟踪和处理。无论是计划或日常监督在现场发现了问题时，除要求承包商立即整改外，重要的问题还要向承包商发信函，指出问题的实质及整改要求。随后对承包商的纠正行动进行跟踪检查，直至最后解决问题。

④业主质量监督人员到承包商焊接培训室亲自审查探伤底片，有疑问时，请第三方人员评判。

（5）承包商对焊工及焊接质量的管理。衡量焊接质量的指标是焊缝射线探伤一次合格率。根据原电力部焊接技术验收规范，焊缝射线探伤一次合格率大于 95％，焊接工程可评为优良工程。核电站安装承包商应制定焊接质量管理方法和激励机制。

6.流体系统及有关部件冲洗和质量控制

在整个核电站建造期间，必须制定流体系统和相关部件的清洗要求和清洁度的控制要求，业主和承包商都要编制用于清洗和清洁度控制的程序。

（1）确定要求采用这些程序的系统和分系统；

（2）确定注入排放水位置、流体循环、排空和冲洗的作业顺序和方法；

（3）确定设备隔离、临时管道和阀门的位置、滤网的位置以及临时设备的位置；

（4）验证清洁度的方法；

（5）冲洗完后设备使用前的干燥和防护方法；

(6)对不涉及清洗活动又已安装设备的保护方法;

(7)保持清洁度的方法。

在我国已建成的几个核电站中,系统管道冲洗的方法并不完全一致,有些经验和教训是值得借鉴的。

7.检测仪表及电气设备的安装、检查和试验管理

(1)电气仪表安装工作的特点。

①周期长。电气仪表安装从工程前期启动施工电源、水源、通信的规划设计工作时就开始运作,并一直持续到机组施工安装全部完成,需要6~7年的时间。

②范围广。由于业主电气仪表安装管理处是按专业组织的机构,除了要负责核岛、常规岛和配套设施永久系统安装工作外,还要负责施工区域的临时供电、供水,以及通信设施的设计、建设、运行与维护,因此要求配置各专业、各层次的专业人员。

③核岛、常规岛、配套设施及施工临时设施的安装技术要求不同。

④电气仪表控制安装为后工种。电气仪器仪表控制设备的安装工作时间短,工作面难以铺开,无法开展"大兵团作战"。

⑤对技术人员知识和组织管理能力要求高。由于电气仪器仪表控制设备技术规范各不相同,因此要求各种技术人员不仅要全面掌握技术要点,还要有很高的施工管理和协调能力。

(2)电气仪表安装工作组织管理。

①业主电气仪器仪表控制设备的内部管理。对电仪安装重大活动实行任务跟踪单制度,对那些影响到进度、技术、投资、质量和安全等的项目进行全面跟踪。质量管理按程序规定要求填写专项监督记录及周监督记录单,对安装中出现的质量问题及时发出质量监督记录单。

②业主对承包商的外部管理。业主电气仪器仪表控制设备管理部门对各承包商实行专项管理与专项进度控制制度,并审查承包商电仪安装质量计划,还要选择见证点进行现场见证。

8.保护性涂层施工管理及质量控制

我国目前已建或在建核电站大多位于东南沿海地区,均属于空气湿度大、含盐量高的海洋性气候,因此设备腐蚀问题,尤其是配套设施工程中的设备腐蚀问题比较严重。配套设施及管道控制腐蚀的主要方法有:

①涂油保护;

②衬塑保护;

③阴极保护;

④耐腐蚀材料保护(采用玻璃钢材料);

⑤酸洗钝化保护;

⑥涂层保护等。

涂层保护在配套设施防腐工程中占有的比例很大,施工工艺复杂。

①设备表面处理。设备在涂刷油漆保护层之前要清理基层表面的锈蚀,进行粗化和清洁等处理。粗化工艺一般采用手工或动力工具打磨或喷砂处理,环境湿度要小于等于80%。除锈工艺要求设备表面无可见的油脂和污垢,基材显露部分的表面应具有金属光泽。除锈标准均为最高级(ST3级)。

②在进行设备和管道表面油漆涂装经过手工或电动喷砂处理合格的金属表面时,在海洋性气候环境下必须在喷砂后2h内涂、喷完第一遍油漆。

③在配套设施工程中采用的油漆大部分为化学干燥型油漆。要做到喷涂前10~15min临时配方。喷涂环境温度高于10℃,空气湿度小于等于80%。

④油漆涂装分四种方法,即有空气喷涂、无空气喷涂、滚涂和刷涂。配套设施工程大多采用无空气喷涂和刷涂工艺。在核电站运行期间,还会不断出现腐蚀问题,这就需要业主工作人员不断进行跟踪调查,及时发现问题,迅速采取防腐处理措施。

六、安装特殊施工人员的培训与资格管理

不论是核电站业主,还是各承包商的管理者,都有责任为所有员工提供适当的培训,确保他们在所从事的工作方面是合格的。培训的目的是强调员工要正确地进行工作。在适当条件下,还应加强对质量保证原则和有关管理程序的理解和熟悉。培训要强调人员的责任和义务。各单位在参加核电站建造时,均要编制培训大纲和年度培训计划。培训大纲重点关注"第一次就要做好"的工作理念。

管理人员的培训计划应涉及促进业务的发展,包括专业、管理、联络和人际关系方面的技能。对从事特殊技能(焊接、无损探伤、热处理等)工作的人员的培训内容,应包括实践和书面考核,并应由具备专业领域知识的合格教员进行培训。当在适用的法规或标准中对人员资格的要求有规定时,这种资格证书必须形成文件,并必须包括资格的有效期。

核电站安装工程施工组织设计和质量保证大纲中都明确规定,培训是开工的必要条件。没有任何一个承包商在招投标时不承诺对各类人员的培训工作,可见培训工作在核电建设中是非常重要的。

核电站建造承包商的培训工作,一般分为人员入场培训、程序培训、岗位技能培训、专业培训和授权培训等。

进入核电站现场的人员必须首先经过两天封闭的入场培训。入场培训是一种基础知识的培训,是踏入工地"门槛"的第一步。

程序培训分两种情况,对公司管理人员和技术人员注重质量保证和管理程序培训;而安装工人主要接受安装程序的培训,也可称为技术交底,可以在课堂讲授,也可在施工前现场讲解。一般都要留下签到和培训记录。

岗位技能培训主要包括项目开工前培训,如上岗培训、质量保证和质检人员培训、特殊工种培训等。一般工人上岗培训都是由公司培训中心实施,质量保证和质量检查人员上岗培训由质量保证部组织实施,可以聘请外围专家进行授课,也可以由公司有经验的人员负责进行。

对于质量保证/质量监督人员资格的培训和授权都要形成文件记录,并规定资格的有效期,超期后还要重新评定和办理延期手续。特殊工种人员,如焊接人员都由公司焊接培训室负责培训,一般各公司都要成立一个焊工资格评定委员会负责培训、合格焊工的资格授权。焊工资格保持则按"焊工资格管理程序"中的规定执行。对于无损探伤人员、砼试验检验人员、计量检测人员都由专门培训机构负责考核和发证书。对于热处理人员有条件的可由专门机构培训和发证,但有些特殊热处理人员可用公司制定的专门"热处理操作培训程序"和供应商专家到现场进行培训和授权。凡是有专门培训和授权的培训机构,施工人员必须获得他们的资质才有效。若实在无该工种培训授权机构,一般经业主同意后,可自己编制培训教材或采用实地考核的办法,由公司直接授权。

七、安装工程竣工符合性检查与交工验收

符合性质量检查是核电站安装工程质量管理中非常重要的一环,是安装工程由施工转向调试的重要质量保证措施,特别是管道系统交工非常复杂,以下就核电厂辅助系统的符合性检查步骤和内容做详细介绍。

1. 辅助系统符合性检查的先决条件

(1)要完成可试验状态的等轴图和支架图。符合性检查所使用的图纸必须把安装过程中产生的现场变更申请表示在可试验状态图纸中。

(2)水压试验流程图,即详细的系统水压试验流程图。现场检查人员必须以水压试验流程图为指导,逐一对支架和管道系统进行检查,同时对水压试验边界进行检查,边界阀门必须处于关闭状态。

(3)检查承包商编制的水压试验报告内容。

(4)检查该系统中安装遗留项清单和收尾项目清单。

2. 管道符合性检查内容

(1)管道总体检查包括几何尺寸、管道标识、焊缝标识、支架位置和物项材质等。

(2)管道坡度检查。

(3)内部清洁度检查。

(4)外部清洁度的检查(对于不锈钢管道,外部不允许有锈蚀、灰尘、污渍、弧伤、水泥和油漆)。

(5)管道附件检查(如限流器、隔膜和计算器等应采用模拟件代替安装,法兰采用临时连接等)。

3. 支架的符合性检查

(1)支架的一般性检查。主要是检查支架的结构、位置与图纸的一致性,焊缝油漆和标识号,锁紧螺母拧紧否等。

(2)支架功能检查。每张支架图上都规定了该支架的功能,现场安装必须保证实现设计功能。

(3)支架间隙检查。管道与支架的间隙一般为(2±1)mm,管道与U形管夹累计间隙应为 1.5~2mm。

(4)弹簧吊架检查。检查时弹簧箱应处于冷态位置。

(5)阻尼器检查。阻尼器正式件应在系统热态功能试验前安装,此时只检查阻力器预留尺寸是否与图纸一致。

4.阀门的检查

(1)阀门的制造号和功能号与水压试验流程图文件的一致性。

(2)阀门开关指示标识清楚,开关灵活。

(3)阀门流向与等轴图流向一致。

(4)阀门闭锁装置可用。

(5)应拆除水压试验系统上的止回阀的阀芯。

5.质量文件数据包的检查

(1)水压试验报告。

(2)水压试验流程图。

(3)修改工程/未完成项清单和临时设备清单。

(4)现场修改申请清单。

(5)不符合项报告清单。

(6)管道和支架的符合性检查报告。

(7)管道的内部清洁报告。

(8)阀门的检查报告。

(9)管道安装的质量跟踪文件等。

八、安装施工竣工文件验收和移交管理

在安装施工竣工文件的编制与移交中,安装施工竣工文件仅用"安装竣工报告"形式,但对每个系统都要编制"安装完工报告",对于无质量保证级别的施工文件只需编制"安装完工证书"。对应于每一系统试验流程

图要编制一份"安装完工报告",它包括预制和安装两个阶段,内容有:

(1)项目名称表(封面);

(2)签字页;

(3)安装完工证书;

(4)不符合项清单及其状态;

(5)现场变更申请清单及其状态;

(6)填好的典型质量计划/工作计划/工作水平;

(7)施工用工作程序、图纸清单;

(8)待完成的保留项清单;

(9)所有检查、维护、清洁度和试验报告证书。

管道预制和支架预制无须编制安装完工报告,只需按区域编制一份预制质量保证数据包,放在该系统的安装完工报告内。制造完工报告也是安装竣工报告的主要内容,制造完工报告的及时发布是安装竣工报告按时移交、整个调试计划按期完成,以及核电站总工期实现的前提条件。

安装竣工报告管理方式是一种先进的科学管理方法,特别适用于核电站这类高质量的、庞大的建设工程。在我国电站建设中,系统的调试一般由调试人员首先到现场检查需要调试系统的安装完成情况,并根据检查结果确定是否可以开始调试工作。核电站采用安装竣工报告的形式,能及时、全面、真实地反映现场一切安装完成情况,为调试工作提供了完整、准确的依据。

【思考题】

1.核电站由哪几部分组成?

2.质量保证大纲包括哪些内容?

3.HAF003 对文件控制有何要求?

4.HAF003 对物项采购有何要求?

5.HAF003 对物项贮存和运输有何要求?

6.HAF003 对特殊工艺过程有何具体要求?

7.对不符合项有哪些处理方法?

8.在施工现场发现不符合项,应该怎么办?

9. 何为纠正,何为纠正措施,两者关系怎样?

10. HAF003 对记录的要求有哪些?

11. 质量保证大纲及文件体系由哪两大类文件组成?

12. 核电站建造中的质量管理活动有哪些?

13. 按照法国法玛通的管理办法,核岛安装涉及哪几个工作包?

14. 何为"符合性质量检查",核电站对已完工的物项是如何进行"符合性质量检查"的?

15. 核电站建造承包商是如何培训员工的?

第三章 核电站运行阶段 的质量管理

中国是一个人口众多、能源和环境问题十分突出的国家,发展核能是解决能源可持续发展的重要途径。然而,切尔诺贝利核电站事故和福岛核电站事故说明,一旦核电站发生重大事故,其后果是极其严重的,因此核电站运行的安全成为人们最为关心的问题。

核电站运行是指持有国家核安全部门许可证的单位,为实现核电站发电的目的而进行的全部活动,包括生产运行、设备维护、换料大修和在役检查等。核电站运行单位为保证核电站能够安全、可靠和经济地发电,应依据《核电厂质量保证安全规定》建立一整套综合管理体系,确保核电站运行活动是受控的,其质量水平在可以接受的范围之内,并能持续改进,不断提高安全水平,降低运行成本。

第一节 核电站的运行原理

目前,世界上核电站采用的反应堆有压水堆、沸水堆、重水堆、快中子增殖堆和高温气冷堆等,比较广泛使用的是压水堆,压水堆以普通水作冷却剂和慢化剂,是目前世界上最成熟、最成功的动力堆型。下文以压水堆核电站为例,介绍核电站的发电原理和组成系统。

一、核电站发电原理

核电站是怎样发电的呢?简而言之,核燃料在反应堆内发生裂变而产生大量热能,高压下的循环冷却水把热能带出,在蒸汽发生器内生成蒸汽;高温高压的蒸汽推动汽轮机,进而推动发电机旋转发电,并通过电网送到四面八方。如图3-1所示的是压水堆核电站发电原理图。

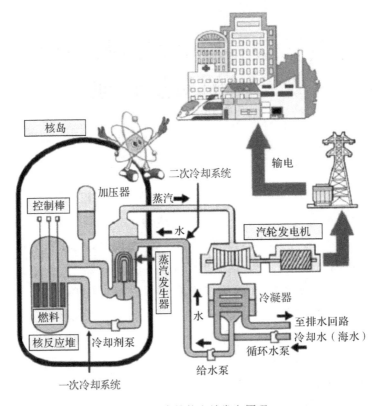

图 3-1 压水堆核电站发电原理

二、核电站的组成系统及其作用

压水堆核电站主要由反应堆冷却剂系统(简称一回路)、蒸汽和动力转换系统(简称二回路)、循环水系统(简称三回路)、危急冷却系统、发电机和输配电系统及其辅助系统组成。通常将一回路及核岛辅助系统、专设安全设施和厂房称为核岛。二回路及其辅助系统和厂房与常规火电厂系统和设备相似,称为常规岛。从生产的角度讲,核岛是利用核能生产蒸汽,常规岛是用蒸汽生产电能。

1. 反应堆冷却剂系统(一回路)

反应堆冷却剂系统将堆芯核裂变放出的热能带出反应堆并传递给二

回路系统以产生蒸汽。通常把反应堆、反应堆冷却剂系统及其辅助系统合称为"核供汽系统"。现代商用压水堆核电站反应堆冷却剂系统一般有二至四条并联在反应堆压力容器上的封闭环路,每一条环路由一台蒸汽发生器、一台或两台反应堆冷却剂泵(主泵)及相应的管路组成,如图 3-2 所示。

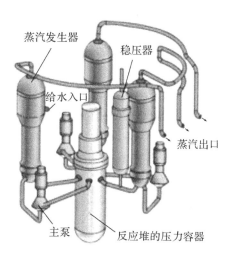

图 3-2　压水堆一回路系统

一回路内的高温高压含硼水,由反应堆冷却剂泵输送,流经反应堆堆芯,吸收了堆芯核裂变放出的热能,再流进蒸汽发生器,通过蒸汽发生器传热管壁,将热能传给二回路蒸汽发生器给水,然后再被反应堆冷却剂泵送入反应堆。如此循环往复,构成封闭回路。

整个一回路系统设有一台稳压器,一回路系统的压力靠稳压器调节,保持稳定。为了保证反应堆和反应堆冷却剂系统的安全运行,核电站还设置了专设安全设施和一系列辅助系统。一回路辅助系统主要用来保证反应堆和一回路系统的正常运行。压水堆核电站的一回路辅助系统按其功能划分,有保证正常运行的系统和废物处理系统,部分系统同时作为专设安全设施系统的支持系统。专设安全设施为一些重大的事故提供必要的应急冷却措施,并防止放射性物质的扩散。

2.蒸汽和动力转换系统(二回路)

二回路系统由汽轮机发电机组、冷凝器、凝结水泵、给水加热器、除氧器、给水泵、蒸汽发生器和汽水分离再热器等设备组成。蒸汽发生器的给水在蒸汽发生器吸收热量后变成高压蒸汽,然后驱动汽轮发电机组发电,做功后的乏汽在冷凝器内冷凝成水,凝结水由凝结水泵输送,经低压加热器进入除氧器,除氧水由给水泵送入高压加热器加热后重新返回蒸汽发生器,如此形成热力循环。

为了保证二回路系统的正常运行,二回路系统也设有一系列辅助系统。

3.循环水系统(三回路)

核电站循环水系统每台机组有A、B两台循环水泵,均采用母管制供水,双泵并联,入口联通,互为备用,如图3-3所示。循环水系统主要用来为冷凝器提供冷却水,同时带走核电站的弃热。

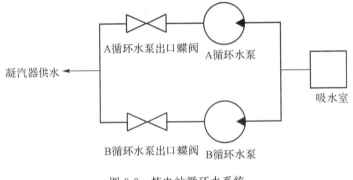

图 3-3　核电站循环水系统

4.危急冷却系统

为了应对核电站一回路主管道破裂的极端失水事故的发生,近代核电站都设有危急冷却系统。它是由注射系统和安全壳喷淋系统组成的。一旦接到极端失水事故的信号后,安全注射系统向反应堆内注射高压含硼水,喷淋系统向安全壳喷水和化学药剂,限制事故蔓延。

5.发电机和输配电系统

发电机和输配电系统的主要设备有发电机、励磁机、主变压器、厂用变压器、启动变压器、高压开关站和柴油发电机组等。其主要作用是将核电站发出的电能向电网输送,同时保证核电站内部设备的可靠供电。

发电机的出线电压一般为 22kV 左右,经变压器升至外网电压。为保证核电站安全运行,核电站至少与两条不同方向的独立电源相连接,以避免因雷击、地震、飓风或洪水等自然灾害可能造成的全厂断电。

每台发电机组的引出母线上,均接有两台厂用变压器,为厂用电设备提供高压电源。高压厂用电系统一般为 6kV 左右。该高压厂用电系统直接向核电站大功率动力设备供电。对于小功率设备,经变压器降压后供给 380/220V 低压电源。通常高压厂用电系统分为工作母线和安全母线两部分。高压厂用电系统的工作母线,可以由外电网或发电机供电;高压厂用电的安全母线,除外网和发电机外,还可由柴油发电机供电。

在电厂正常功率运行时,发电机发出的电能大部分经主变压器升压至外网电压输送给用户。同时,整个厂用设备的配电系统由发电机的引出母线经厂用变压器降压后供电。当发电机停机时,则由外部电网经启动变压器供电。当外网和发电机组都不能供电时,则由柴油发电机组向安全母线供电,以保证核电站设备安全。

输配电系统的设计与机组容量、电网系统环境等密切相关,各核电站设计会有较大差异。如图 3-4 所示的是核电站电气系统。

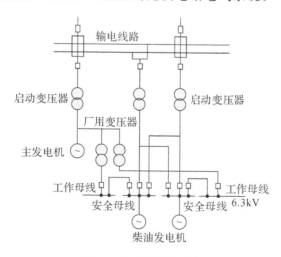

图 3-4 核电站电气系统

第二节　核电站运行活动的质量管理

为保证核电站能够安全、经济地发电,就应当确保所有的活动是受控的,其质量水平是在可以接受的范围之内的,并能够持续改进,不断提高安全水平和降低运行成本。

一、核电站运行的组织机构

核电站运行组织机构是核电机组安全、稳定发电的组织保证。核电站一般会设置运行处,下设若干职能科室,由运行处负责核电站的日常生产管理。如图 3-5 所示的是江苏田湾核电站运行组织机构设置示意图。

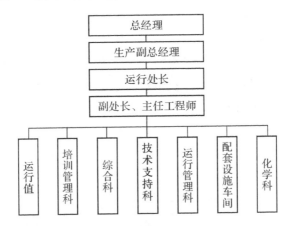

图 3-5　江苏、田湾核电站运行组织机构设置

核电站为了加强部门之间的横向交流,打破部门间壁垒,减少基层接口,日常生产管理一般采用项目管理模式对机组进行管理,并建立日常生产的控制指挥中心。这种管理模式一方面能优化电站的资源利用,提高组织的工作效率;另一方面能优化风险控制方式,提高风险防范能力,从而实现对核电站安全生产状态的有效控制。

核电站日常生产管理组织机构分为日常生产决策层、日常生产管理层和日常生产执行层,如图 3-6 所示。核电站的运行工作以机组运行为中心展开,运行值长是机组的直接操控者,他需要负责核安全的管理、生产任务的协调、设备健康状态的监视和意外情况的处理等。

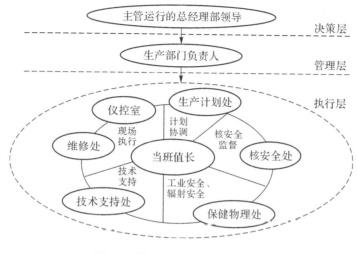

图 3-6　核电站日常生产管理机构

二、运行文件管理

1.运行文件管理的特点

核电站的整个质量体系是一个文件化质量体系,其中的各项规定是核电站每一个员工必须遵守的。为保证所有文件(包括程序)的准确性,核电站有一整套文件管理体系在运作,所有的运行文件管理也是其中的一部分。但由于运行活动的特点,运行文件管理有以下特殊性。

(1)种类繁多。运行文件包括政策程序,如《运行管理政策》《化学控制政策》;执行程序,如《现场运行信息管理》《化学监督管理》;各种技术程序,如定期试验程序、隔离程序;技术支持文件,如系统设计手册、设备图;还有其他文件,如管理细则、接口程序等。

(2)存放范围广泛。由于运行文件很多是供现场运行人员使用和参考的,因此要在相关地点存放,保证使用人员方便拿到。这些地点包括运行处文件卫星库——存放各种程序的原件;现场资料室——存放文件卫星库的部分复印件;隔离办公室——存放隔离活动相关文件,如隔离程序;主控制存放室——存放操纵员操作需要的主要文件,如总体运行程序、报警卡。

(3)使用量大。无论大修还是正常运行期间,运行活动始终在电站中占有很大比重,因此,相应的,文件的使用和记录的量也很大。如各级运行人员使用的日志,包括值长日志、隔离办日志、主控日志、现场巡视日志,这些日志使用周期都不大于一个月,尤其现场巡视日志,每日使用一册;正常运行期间的定期试验繁多,每年需要定期试验的设备系统超过几百个,而且它们的周期往往小于一年,有季度、月、周、天等。每做一次定期试验,至少使用一个操作程序,因此为这些活动提供的文件数量也很大。

2.运行文件管理的方式

核电站对运行文件采取了两种管理方式。

(1)将部分对运行活动起关键作用的运行程序单独列出进行控制。这些程序包括:系统运行程序、故障处理程序、总体运行程序、隔离程序、定期试验程序、报警卡、运行日志、巡视日志、大修程序及其他程序。对这些运行程序从编写到最终生产升版的管理过程都有明确要求,其草拟和修改过程的管理如图 3-7 所示。

(2)其他运行文件纳入核电站整个文件控制系统,按照相关要求进行管理。

3.运行人员资格

所谓运行人员资格就是指运行人员具备了实施运行活动的能力并对自己的行为承担相应的责任。因此,运行人员资格管理所关注的问题是如何确保运行人员在执行具体工作任务时已具备相应的能力,并能证实其足以胜任所承担的工作。为此必须解决以下几个问题:

(1)运行活动到底需要哪些岗位?

(2)这些岗位需要怎样的技能?

(3)法律、法规对这些岗位有哪些特殊规定?

(4)运行人员该如何获得这种技能?

(5)如何证明运行人员获得了这种技能?

(6)用什么方式能够保持运行人员的技能,而不因时间的推移甚至过长的休假或缺勤而下降?

(7)如何保证值长在现场分配工作任务时有可靠的方法确保该运行

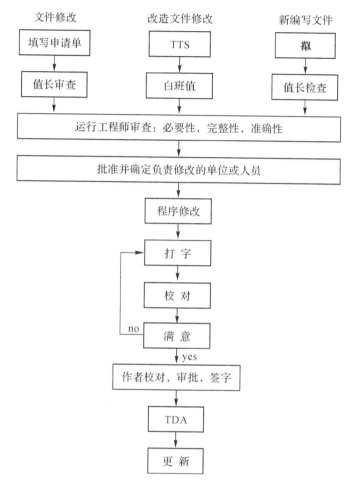

图 3-7 运行程序编制、修改过程

说明：①值长是所辖机组运行生产的指挥者，是当值安全生产的第一责任人；②TTS 指双向追溯系统；③TDA 指计算机病毒防御系统。

人员能胜任其工作？

鉴于运行活动差错引起后果的严重性和即时性，上述这些问题与运行活动的安全相关，必须加以解决。

（1）岗位设置。岗位的具体设置没有统一的模式，它取决于承担任务的范围、管理层所信奉的管理思想等多种因素，但有一个准则是相通的，即岗位的设置及相互之间的配合应足以应付所承担的运行活动。岗位分为现场操作员、技术员、反应堆操纵员、副值长和值长，这些岗位职责分工明确,任务分工互相衔接,他们共同完成从准备到现场实施全过程的运行活动。

(2)岗位技能。由于运行系统的复杂性和专业性,要求运行人员有相应的技术和专业化的技能,因此必须基于所承担的任务的特点和涉及的知识、需要的经验、教育背景和学历等要求制定岗位技能需求。确定合格的运行人员标准,这是运行人员资格管理的基础性工作。在核电站,这种岗位技能要求应以"岗位规范"的形式规定下来。岗位规范应充分考虑核电站一般授权要求、国际惯例、经验反馈以及工作任务所涉及的相关的法律法规要求。操纵核电站控制系统的工作人员必须持有核电站操纵员执照,指导他人操纵核电站控制系统的工作人员必须持有核电站高级操纵员执照等。

(3)岗位培训。培训的方法很多,通常有组织学习、自学、在岗培训、模拟机培训、监护实习和专项技能训练等。核电站可以结合自己的培训资源选取其中最适合的一种或几种形式进行。一般采取组织学习与自学相结合的方法。所谓组织学习是指,核电站为运行人员制订培训计划、提供培训资源、确定培训方式,使运行人员在规定的时间内系统地掌握某种岗位技能。这是获取岗位资格能力的方法,一般在上班时间进行。在核电站这种培训方法被称为岗位培训,它分为在岗培训和专项培训两部分。专项培训是指就某种专门的运行操作进行集中学习与训练并掌握其操作技能的培训方法,一般采取模拟实操与理论学习相结合的方式。在岗培训的形式主要是在有资格人员的监护下操作、现场见习等。这种培训形式最大的特点是在未来岗位上,由有资格的运行人员监护工作,它为运行人员提供了熟悉核电站未来岗位操作的机会。所谓的自学一般是指在业余时间,运行人员根据自身情况自由支配学习时间、学习方法。无论采取何种培训方法,培训都只是手段,具备相应的岗位技能和岗位资格能力才是目的。因此必须证实目的是否达到,这种证实活动称为评估。评估的方法有很多,可以采取理论考核、现场实操或两者结合等形式,只有经证实掌握了岗位技能的运行人员,才是有资格的运行人员,才能进行相应的操作。在核电站,反应堆操纵员、副值长、值长资格管理按照国家的法规进行;现场操作员、技术员由核电站自行管理,采取岗位技能考核和相关理论考核相结合的方式进行评估,经评估具备了岗位资格能力的,给予颁发授权证书,授权证书应标明工作范围,注明有效期。

(4)技能保持。运行操作技能和系统知识同其他专业性技能和专业知识一样有一个随时间而变化的问题。为了避免因时间的推移,运行人员掌握的知识与技能发生"衰减"从而危及核电站的安全,必须采取适当的方法保持甚至提高他们的技能。目前通行的做法是让有资格的运行人员在从事岗位工作的同时进行再培训。核电站采取此种方法,让经授权的有资格的运行人员从事岗位工作,同时根据运行人员在实际工作中所表现出来的技能水平以及他们根据自身的特点提出的培训需求,进行年度复训。在每隔一个月左右的运行轮班之后,组织一天的时间专门学习和培训,一般是结合核电站内外发生的事件进行经验反馈。这种方法既可以保持运行人员的资格能力,还可以提高运行人员的工作技能。

三、日常巡视

1.日常巡视内容

日常巡视的目的在于及时发现和消除缺陷。为保证巡视的有效性,核电站要求主控室操纵员和现场操作员必须按照规定的时间和频度定期进行巡视,密切监视核电站参数和设备工作状态,调动一切感官识别变化,确保缺陷与异常及时得到发现、确认、记录和报告,并且采取有效措施和纠正行动,直至问题解决,使设备和系统恢复到设计功能。

2.日常巡视质量控制

为保证巡视质量,现场巡视人员要认真填写巡视记录,以便对异常情况采取措施和为分析设备状况趋势提供依据;主控室操纵员要负责检查现场操作记录的完整性,并就疑问之处询问操作人员;值长负责对主控日志进行检查。这些记录要按照文件处理要求进行保存,并查询方便。

核电站为进一步提高管理水平和巡视效果,规定管理层必须不定期到现场巡视,包括生产部门高层领导和监督部门领导。同样,当班值长也要进行不定期的巡视,包括主控室和现场,以掌握现场的实际情况,推动相应人员更好地负起责任。针对不同的现场巡视活动,质量控制要求如表 3-1 所示。

表 3-1　日常巡视的质量控制要求

活动简述	质量控制
主控巡盘 　　主控操纵员通过巡盘,始终保持对机组运行参数和状态的监视、调整,确保核电站系统和设备的正常运行。对于出现的异常、缺陷和故障,应能够及时地识别,并且采取正确、有效的行动。	为有效地实施巡盘,核电站主控室操纵员在接班后应及时完成抄表。且至少每 20 分钟巡视一次控制盘和中间控制室,系统地查看控制盘报警、装备报警、记录仪、指示器以及控制装置的状态。对主控室出现的报警定期确认,出现新的报警时立即提取报警卡程序,并采取相应的行动。
现场巡视 　　现场操纵员通过现场观察,补充并完善主控操纵员对机组状态的集中控制,努力发现系统运行故障和设备状态恶化的早期症状,确保系统和设备的安全运行。 　　每次接班后,当班人员必须对运行处管辖的全部系统和设备进行巡视。现场巡视至少有三次,要求如下:①接班后一小时内,确认系统和设备的实际状态;②在当班中间,全面检查系统和设备的状态,并在巡视记录本上记录系统和设备的状态和参数;③在交班前一小时内,确认系统和设备的最终状态,特别是状态有变化的设备。现场巡视的重点应放在第二次。	现场巡视前要充分了解信息,包括在交接班中了解上班工作人员的主要活动、系统和设备的缺陷;在值班前会议上交流的情况;主控室操纵员要求进一步查证的信息;特殊操作指令。现场巡视过程中要通过望、闻、听、触等各种感官手段来识别诸如参数的变化、泄漏、杂音、异味、振动、发热、标牌丢失、地漏堵塞、保温层脱落、通风与照明不良以及消防系统或设备不可用等异常情况;还要检查现场指示、信号灯和报警;当发现缺陷和异常时,要尽快向主控室操纵员报告,并参与分析。巡视结束后,现场操纵员应针对所发现的故障与缺陷填写工作申请,准确描述发现的异常和采取的行动,并将现场记录要点记录在巡视日志中。
化学巡视 　　由化学品管理机构人员对运行处所属设备或设施进行巡视和检查,早、中、晚班各检查一次。	在巡视中,应当检查并记录:设备的运行、备用、检修状态;转动泵的运行情况(振动、温度、流量等);再线仪表的工作状况;各种试剂系统情况;各水箱的水位情况等。

四、运行定期试验

所谓运行定期试验就是定期地使某一系统处于一组物理、化学、环境或运行条件之下,以验证系统或设备实现的功能是否符合设计要求的活动,它本质上属于质量控制所定义的"发现偏差"的监督范畴,对于运行安全的控制有着重要的意义,既是维持或证实核电站设计水平的手段,又是纠正性维修的信息输入渠道之一。

核电站定期试验的管理是一项复杂的系统工程,它包括规程编写、计划安排、组织实施、跟踪处理及风险分析等一系列内容。

1. 定期试验的类型

从计划管理角度来看,核电站定期试验可分为日常定期试验和大修定期试验。

(1)日常定期试验:试验周期大于一周小于一个换料循环周期的试验。

(2)大修定期试验:试验周期大于和等于一个换料循环周期的试验,包括正常运行时有风险,或无法进行验证,或停运的设备的功能的试验,以及大修期间进行过维修的设备或系统的再鉴定试验。

2. 定期试验的实施过程

(1)制定完整的定期试验大纲。试验大纲是基础性文件,但它只是为运行定期试验的开展规定了原则,在具体实施时缺乏可操作性。

(2)制订试验计划。计划的时间跨度最长应以不超过一个换料循环周期为宜,同时为了兼顾具体实施中发生的重做、补做等非原计划规定的项目,制订试验计划可考虑分级,分级可使试验计划机动、灵活,适应生产和管理需要又可保证不违反试验大纲的要求。

(3)现场实施定期试验时应进行有效的控制,并对试验的结果进行评估、给出评价。其具体过程如图 3-8 所示。

图 3-8　定期试验过程

3.试验大纲

定期试验大纲包含以下内容。

(1)规定试验的部件、系统和构筑物,阐明试验目的,明确试验要求;

(2)规定试验的周期和在特殊情况下允许偏离的周期裕度;

(3)明确要采用的试验验收准则;

(4)注明每项试验的性质,即其来源及与核安全相关的级别等;

(5)提供在执行和评价每项试验时所适用的程序;

(6)规定参与决定和实施试验的人员的权力和责任;

(7)规定执行试验的人员的资格要求;

(8)规定大纲的维护要求。

当然,在实施过程中,由于各个核电站的管理体制差异,试验大纲不一定包含上述所有内容,但上述要求在其他管理程序中必须规定。

4.定期试验计划

定期试验计划包括以下内容。

(1)计划必须覆盖试验大纲规定的项目、适用的程序;

(2)重做、补做等新加的试验项目;

(3)周期(试验的频次)、时间宽度的利用要符合试验大纲的规定;

(4)试验所涉及的维修部门或其他技术支持部门应采取的配合行动;

(5)试验的性质是否与核安全相关;

(6)为了避免共模故障风险,应在不同的机组上不同时进行同样的定期试验。

5.定期试验现场执行

根据"一次就把事情做好,人人都是一道屏障"这一管理理念,运行定期试验要以"以计划为龙头,以规程为依据,以质量为基础,为安全和运行服务"为执行原则,目的是创造条件,让试验执行者争取"一次就把事情做好";同时,还要制定一系列的规章措施,层层设防,避免发生各种可能的状况。为此定期试验现场执行时应注意以下两点。

(1)严格执行定期试验的现场执行程序。为对定期试验实施有效的控制,实现试验的目的,现场执行程序一般应包括以下内容。

①规定定期试验所涉及的人员或部门职权。一项定期试验,除运行部门外还涉及计划部门、监督部门、维修部门和技术支持部门等。这些部门在运行定期试验的过程中承担不同的任务,他们共同为高质量地完成一项定期试验做出贡献,因此有必要明确各部门之间的职责和相互之间的接口。运行部门内部有现场操作员、主控室操纵员、副值长、值长和验证人员等,他们是每一项定期试验不可或缺的参与者,在定期试验的执行中分别承担不同的任务,因此也应明确他们之间的分工与职权。

②规定授权要求。根据操作的性质、风险和技能要求及运行人员具备的资格能力,规定每一项操作应当由相应授权的人员进行。例如大业湾核电站在其程序中明确规定:主控室的操作由主控室人员进行;现场部分的操作,由现场操作员在主控室操纵员的指挥下进行;核安全相关的定期试验只能由安全工程师独立验证;现场高风险部分的操作和电气盘开关的操作由副值长进行等。

(2)定期试验的质量要求。定期试验的质量要求如表 3-2 所示。

表 3-2　定期试验的质量要求

试验过程	试验质量控制内容
试验前	①检查技术程序的有效性,核对操作区划分和页码; ②清楚试验的先决条件、风险,了解经验反馈; ③主控室操纵员根据系统设备的状态、经验反馈、限制条件和试验,对可能导致的不可用等情况进行风险分析,判断是否执行试验; ③主控室操纵员将技术程序按主控室、汽轮机厂房、控制区等分发给相应区域授权人,交代注意事项。
试验中	①按顺序执行试验步骤和记录参数,逐项标注已完成的试验步骤; ②发现核安全相关设备或系统不可用,必须及时报告; ③对跨部门的操作,主控室操纵员应进行协调,并根据规定评估试验结果; ④各区域的运行操作人员对操作信息(如启动、完成和异常等)互相反馈; ⑤主控室操纵员和其他相应的操作人员应保证各项试验操作的连续性和正确性,一个定期试验要有两个班以上完成时,应履行交接手续,注明交接处和日期,并签上姓名; ⑥操作时执行监护制和唱票制。
试验后	①主控室操纵员应检查主控室以外人员(如现场操作员)是否按要求完成操作; ②主控室操纵员填写试验报告,评估试验结果,给出试验结论; ③通知验证人员进行验证。

五、隔离与再线

1.隔离与许可管理

在核电站,隔离是为了给设备及作业人员提供一个安全的条件,或出于其他安全的需要而实施的运行行为。核电站所有工作采取许可证方式进行隔离管理,以维持核电站的安全。核电站许可证有:试验工作许可证、使用外源工作许可证、介入工作许可证、特殊工作许可证和检修工作许可证。

核电站非运行人员在运行设备上进行维修或检查工作,必须取得相应的许可证后才能进行相关工作,工作时不得越过隔离边界。

核电站的隔离是因某工作需要提出,并经授权人员制订计划,根据批准的计划制定隔离指令和隔离措施,明确相关人员的职责,实施时应加强控制,作业结束后应解除隔离,收回许可证。

2.再线

再线是核电站将设备置于特定运行方式所要求状态的一系列操作,目的是为系统的启动或停运设置相应的状态,确保预期运行的方式得以实现。

(1)再线的准备。再线准备就是准备再线文件。再线文件包括:

①再线的目的;

②适用的机组与系统;

③再线指令;

④安全预防措施;

⑤再线所涉及的设备系统图纸;

⑥异常或需要跟踪项的记录要求。

(2)再线的实施。再线的现场实施由有资格且经授权的现场操作人员进行,再线应实施监护验证,在无法按文件要求使设备置于某种状态时,应做好现场状态记录,并报告主控室操作人员。

(3)再线的验证。再线完成后,主控室操纵员应利用主控室信息和再线完成记录情况进行验证,对与核安全相关的系统还应由有相应资格的人员进行独立验证。

（4）再线异常的跟踪。在再线过程中,由于各种工作(如隔离、试验)的相互冲突和设备损坏等原因,使设备再线无法按文件要求置于某种状态,对此现场操作人员应填写记录单,并报告主控室操作员,主控室操作员应根据机组的状态确定处理措施,同时对再线状态进行跟踪处理,并保证再线信息的完整。

六、系统状态管理

为确保核电站的安全经济运行,核电站的运行状态应当与设计和技术规范的要求相符,为此,必须全面了解核电站所有设备和系统的状态,实施有效的系统状态管理。

1.系统运行状态简述

系统运行状态分为"可用"与"不可用"两类,可用是指设备或系统能毫无延迟地执行其特定功能,同时又具备所要求的性能水平。设备或系统运行所必要的辅助设备或系统本身必须是可用的。处于可用状态的设备或系统可能是处于运行状态,也可能是处于备用状态。不可用是指设备或系统的状态不能实施设计所要求的运行功能。

2.系统运行状态的质量控制

（1）系统运行状态管理一般质量要求。为保证有效管理系统运行状态,应当:

①为检修或定期试验而进行的任何状态变化,必须经值长批准,并遵守设计准则和技术规范;

②按照要求在主控室日志和白板上记录相关内容;

③设备投运或退出运行的计划性活动必须经过值长审查,由主控室操纵员负责执行;

④解除隔离后,为了恢复系统或设备的可用性,必须实施再线和再鉴定;

⑤如果需要对系统或设备(在主控室及现场)的操作进行提示或对状态监视进行说明,应按照相关规定填写并审核现场运行信息。

（2）系统运行状态的监视。系统运行状态改变有多种方式，如隔离、再线、设备变更、出现报警和异常等，对这些改变，主控室操纵员必须在主控室日志上记录设备状态的变化。对与核安全和质量相关的设备则需要进一步加强监视，核电站通过如表 3-3 所示的方式实现系统运行状态的监视。

表 3-3　系统状态的监视要求

监视手段	监视内容
主控室专用白板	正常运行期间当出现与核安全和质量相关设备不可用时，必须在白板上注明相应设备名称、设备不可用的开始日期和时间、后撤模式、后撤时间；与机组可用性和消防系统有关的重要设备的不可用性；主要设备的隔离信息；主控室的异常报警信号。
大修期间的主控室大修日志和静态控制点执行	大修期间，由于机组先从正常运行状态后撤到维修冷停堆系统状态，然后又将这一过程逆向实施，状态变化比较频繁，所以为保证有效监视设备的运行状态，特别是技术规范明确要求可用、能够实现机组核安全的那部分系统的状态，核电站编写了大修日志和静态控制点程序，这两本程序的执行为系统状态监视提供了足够的手段。

（3）系统状态改变的控制。当设备或系统不可用时，必须退出运行，进行处理，然后经过再鉴定试验，重新恢复设备的可用状态，在这一过程中要有效控制系统状态的改变。控制的内容如表 3-4 所示。

表 3-4　系统状态改变的质量控制内容

状态	质量控制内容
设备退出运行	当发现设备系统不可用时，操纵员将其退出运行。如果设备或系统虽然存在缺陷，但仍能保证其主要功能，则认为设备或系统的运行状况是正常的，此时必须对存在的缺陷和异常进行跟踪，必要时应提供临时运行指令。值长根据机组状态，检查与技术规范的符合性后，通过计算机辅助隔离系统批准设备退出运行。当安全技术顾问得到与核安全和质量相关系统退出运行的通知后，必须根据技术规范对其实施独立评价，还可与值长讨论其评价。隔离经理则按照隔离与许可证管理的要求将设备退出运行，设备退出运行之前，他必须与主控室操纵员一起检查机组及系统的运行状态，保证设备退出运行后不会违反技术规范的规定。退出运行后应将情况通告给现场操作员，并由值长宣布设备不可用。

续表

状态	质量控制内容
再鉴定试验	再鉴定试验是确保设备或系统在干预活动后能再次执行其规定功能的行动。一旦对设备进行了维修,则有必要对该设备进行再鉴定。当对设备的干预活动完成且工作许可证归还隔离办后,值长必须检查干预的内容,然后决定是否有必要在再次投运前进行再鉴定试验,其执行依据是试验程序,若没有试验程序,则按照干预性质确定试验内容。
设备恢复可用	再鉴定试验结果首先由值长评价,再提交给安全技术顾问对与核安全和质量相关系统进行独立验证。如果试验结果符合核电站运行准则的规定,由值长宣布设备恢复可用。主控室操纵员必须立即更新主控室白板上设备不可用的内容。若再鉴定结果不符合核电站运行准则的规定,值长应要求实施维修,并向运行处长或其代表汇报。

七、钥匙管理

为了保证核电站系统、设备的安全,确保不出差错或误操作,对某些设备或开关需要使用专用钥匙加以控制,这些钥匙主要有隔离钥匙、系统状态转换开关钥匙、闭锁钥匙、各类电气柜门钥匙及应急钥匙,这些钥匙直接关系到核电站的安全和运行。

【案例】

大亚湾核电站与钥匙有关的几个事件

2001年1月19日16:00,工作人员进行换料前进行1KRT014MA年度试验,发现1KRT014MA现场显示柜CB42的门锁无法打开,后经了解是锁已被更换,直到20:00才找到钥匙,延误工时4小时。

2001年6月27日17:30,在执行PT0DTV001的过程中,在EG楼的0DTV303PP上,由于612钥匙无法插入锁眼,导致试验无法执行,可能丧失及时发现报警功能不可用的契机。

103

2001 年 8 月 9 日 23:30,TB 厂房出现火警报警,运行人员赶赴现场检查确认为误报警,寻找钥匙复位时,被告知钥匙在 AC 厂房,可 AC 厂房根本没有钥匙,导致无法消除火灾报警。

在机组需要操作这些设备或系统功能时,如何能确保这些钥匙处于安全、可用状态是钥匙管理必须要解决的问题,为了保证钥匙安全可用,对钥匙管理可采取统一管理、授权发放、借出回收控制和定期检查的原则。具体如表 3-5 所示。

表 3-5　钥匙管理质量要求

步骤	质量要求
钥匙管理	核电站所有钥匙应存放在值长室,按机组号分开,集中贮存在特制的钥匙箱里,同时在每个钥匙箱盖上贴上有关箱内钥匙信息的清单,清单内容应包括以下内容: ①钥匙编号,保证能在众多的钥匙中迅速找到其位置; ②钥匙用途,可简要叙述所配对的相关设备或系统及它们的功能; ③钥匙位置,指明钥匙所具体使用的厂房; ④钥匙数量,说明本钥匙箱里贮存该钥匙的数量。 现场人员要求使用钥匙时应由值长统一发放与回收。在使用时因各种原因,难免发生损坏、丢失,为了不影响核电站的安全与运行,一般在值长室只贮存复制的钥匙,原钥匙可贮存在办公室。在值长室钥匙因损坏、丢失时,特别是在紧急情况下能快速寻找原钥匙,因此办公室钥匙的贮存方法、钥匙的编号、清单内容应与现场值长室钥匙箱完全一致。值长室钥匙箱与办公室钥匙箱的钥匙应由两人分别控制,这样可有效地防止钥匙的窃用、互用、共同丢失。对于原钥匙箱钥匙原则上不应借出现场使用,仅用于钥匙复制之用,在万不得已情况下,原钥匙的借出与回收应采取严格的审批与验收制度。
授权发放	对于一些重要岗位的人员出于工作上使用的需要,可按岗位的要求授权发放不同种类的钥匙,对这些人员应建立专门的制度保证他们在岗位调动时能收回原钥匙,并换发新岗位钥匙,在钥匙损坏或遗失时,应递交书面报告说明原因,只有经批准后,方可补领,对于离职人员应确保其交回钥匙。
借出控制	现场使用钥匙应有专门的登记制度,对钥匙使用进行全程跟踪,登记表格应包含以下内容: 使用申请人姓名、部门和电话号码;工作申请号;钥匙名称;用途(即相关的运行或维修活动);借用钥匙时间;批准人姓名;归还人签名、收回人签名及归还日期。

续表

步骤	质量要求
定期检查	为了确保钥匙的可用性与安全性,及时发现可能存在的问题,在实行钥匙管理的同时,还应由独立的监督部门对钥匙的管理状况进行检查,检查要围绕以下内容进行: ①值长室钥匙与办公室钥匙是否一致; ②清单内容与钥匙箱内钥匙的实际编号、贮存位置、数量是否一致; ③钥匙的借用信息填写是否完整; ④登记簿反映的借出情况与钥匙箱内实际贮存的钥匙是否一致; ⑤钥匙箱内的钥匙能否开启现场的锁; ⑥钥匙的复制是否进行了严格的申请与批准; ⑦批准钥匙复制人与钥匙管理人是不是同一人。

八、化学控制

核电站化学控制在保证核电站连续安全稳定运行,尽可能地减少腐蚀物和放射性污染物质的积累,降低和控制机组的放射性水平,减少向环境排放和控制系统设备老化程度等方面有重要意义。因此负责化学控制的部门,应在下述各方面开展有效的控制。

1.编制化学和放射化学技术规范

对核电站所有的化学方面的技术要求应以书面文件的形式明确地规定,如以技术规范的形式给出。在编制化学和放射化学技术规范时,必须满足设备制造厂《最终安全分析报告》《运行总则》和核电站《正常运行限值和条件》等相关要求,同时还应当符合国家电力行业的相关标准和法律、法规的规定。该技术规范在内容上至少应覆盖以下几个方面。

(1)需要进行控制的介质种类;

(2)核岛系统水质参数的要求(包括期望值和限值);

(3)常规岛系统水质参数的要求(包括期望值和限值);

(4)对各系统进行化学监督的频度;

(5)取样的要求及分析项目;

(6)偏离技术规范时应采取的纠正行动要求和相应的方法。

2.制定核电站化学和放射化学监督大纲

为了便于实施化学控制和监督,应该编写核电站化学和放射化学监督大纲。大纲应明确规定如下内容。

(1)定期监督的系统、项目和周期;

(2)其他部门要求的或设备异常时增加的非定期监督和分析的系统、项目;

(3)出现异常时的管理原则;

(4)所有参与化学和放射化学监督人员的职责;

(5)对化学再线仪表、仪器的管理要求;

(6)大纲的维护要求;

(7)适用的范围。

3.编制具体的化学技术程序

为了落实化学控制和监督,应编制完整的化学技术程序,直接用于具体的化学控制活动。化学技术程序应针对所开展的化学活动的特点,考虑技术规范的要求与标准及相关的质量控制要求,一般包括以下几种。

(1)化学和放射化学分析程序,它应描述分析原理、适用范围、使用的仪器、试剂、操作步骤和测量精度,人员授权要求以及相关的验证要求,异常的处理与报告等规定;

(2)油质分析程序,它应描述核电站用油的取样和测量方法、原理、油质特性和技术标准、试剂、操作步骤及测量精度,人员授权要求以及相关的验证要求,异常的处理与报告等规定;

(3)分析仪器、再线仪表的技术程序,它应描述仪器仪表的特性、使用说明、原理、应用范围、标定和日常维护,如环境等的要求;

(4)换料大修化学技术程序,它应具体描述机组停运、启动过程中各相应状态下要执行的化学和放射化学的监督和控制活动,以及要满足的标准、报告的部门和方法。

4.人员的授权与培训

为了有效实施化学控制活动,保证有相应技能和资格的人员从事化学分析与监督,必须建立化学控制岗位资格和授权培训制度。这套制度应具备下述要求。

(1)对所有的化学控制岗位进行研究与分析,确定各岗位任务与职责;

(2)确定工作任务所需要的专业知识和技能;

(3)根据员工的实际技能与岗位资格能力,制定化学控制人员的培训大纲;

(4)通过授权形式明确规定受训人员以后可以从事的化学工作岗位;

(5)组织有相应资格的人员负责相关培训,采取适当的方式对受训后的化学控制人员的技能进行评估,以改进培训方式与培训大纲;

(6)制定再培训计划与大纲,保持、更新和提高化学控制人员的专业知识、岗位技能与素质。

5.制定化学和放射化学监督与控制活动的计划

为了便于实施化学监督大纲、验证化学技术规范及核电站正常运行限值和条件的遵守情况,满足核电站安全运行的需求,应编写化学监督与控制活动计划,计划包括以下内容。

(1)正常运行期间系统水质的监督与分析项目、使用的程序、频度;

(2)停机、停堆过程中各系统水质的监督与分析项目、使用的程序、频度;

(3)水质量控制工作使用的仪器仪表的标定;

(4)制水车间的设备运行与制水等活动的监督与控制。

6.化学质量控制活动

为了有效地实施化学技术规范和满足核电站正常运行限值和条件的要求,保证核电站的安全运行,必须开展以下工作。

(1)以技术规范、监督大纲和核电站运行限值和条件的规定为依据,对化学和放射化学参数进行监控、抽样检查和趋势分析,保证能够及时、准确地发现和纠正异常的状况和不利的变化或趋势。

(2)对化学数据由不直接负责该项任务的有资格人员进行校核,以识别可能的问题和分析错误,并予以纠正。

（3）建立并执行相应的化学品管理制度，对所使用的化学品实施严格控制。该制度应达到以下目的：

①化学品，包括各种试剂、药品，具有明显的标识；

②对危险的化学药品的管理要符合国家有关法规，尤其要注意风险控制和标识；

③化学品的可用性清楚，在管理上不使用不合格产品；

④化学品的贮存不导致相关反应和火灾风险；

⑤化学品的领用与回收不造成误用和丢失。

（4）建立并执行试验室管理制度，对试验室的工作过程、药品、样品、试剂、所使用的仪器和环境实施有效的控制。该制度应保证：

①化学药品及溶剂的标识、有效期、可用性清楚；

②分析使用的仪器、仪表进行定期标定，现场状态清楚；

③有足够的化学防护设施并且可用，保证化学人员的安全；

④放射性样品与非放射性样品实体隔离，分析分开进行，防止放射性扩散；

⑤保持试验室的清洁和消防设施足够且可用；

⑥对分析使用的计算机软件在首次使用或修改后投入使用之前，应进行鉴定并生效；

⑦按环境保护、辐射防护和工业安全的要求装卸、贮存和处置过期的或废弃的化学品、样品等。

（5）对化学工作过程和结果进行质量监督。

①在工作之前进行风险分析，制定预防措施；

②检查相关设备、程序、仪器仪表、器皿、药品、样品及溶剂等的有效性；

③对重要的操作实施监护验证；

④化学数据由独立的具备相应能力的人员对可靠性、完整性及准确性进行审核、评价；

⑤开展标准样品的内外部比对测试，证实化学控制和测试结果的有效性。

（6）建立适当的化学指标，衡量化学监督的有效性。

（7）积极地分析与总结内外部事件，吸取经验教训并纳入相关的程序、政策之中。

九、运行记录

核电站运行期间有大量的运行活动,其中影响质量的活动都是按适用于这些活动的书面程序、细则或图纸来完成的。因此,在运行期间就会产生大量的运行记录。这些记录能为以后的各种运行活动提供客观证据。它可用于证明所有对核电站质量有影响的各项运行活动是否均已按规定的要求完成,并已达到和保持所要求的质量。此外,在事件或事故发生之后,充分有效的运行记录能为事故、事件调查提供大量的信息和可靠的证据。为迅速弄清和模拟事故发展过程奠定基础,从而有力地促进事件根本原因的查找与分析,为最终有效的经验反馈与质量改进实施、防止事件的重复发生发挥积极的作用。同时,在正常运行期间,通过对运行记录的分析、观察与比较,往往能够发觉不利于质量的变化趋势,进而为诊断、预防及尽早干预事故的发生提供了宝贵和充裕的时间。运行部门要根据各种运行活动与质量和核安全的相关性,对每项运行记录的必要性和内容进行仔细的评价,以避免运行记录过于繁杂而流于形式,从而为核电站的运行提供可靠、充分的运行记录。核电站运行记录主要的三类形式及其重要内容和质量控制要求如下。

(1)报告类日志。该运行日志的类别、报告内容和管理要求如表 3-6 所示。

表 3-6　运行日志的类别、报告内容和管理要求

类别	管理要求	报告内容
值长日志	值长按照要求如实记录机组运行的原始数据	①主要设备特别是反应堆模式状态的变化; ②重大事件如停堆、非计划功率变化、辐射变化和过度照射; ③安全分析、报警信号状态、行政隔离状态; ④钥匙管理状态; ⑤废物排放、消防二级干预队队员; ⑥偏离技术规范的情况; ⑦涉及工业安全、保卫方面的事件; ⑧在反应堆功率运行期间反应堆厂房进出和红区进出情况、放射性数据; ⑨电网情况、负荷改变计划要求、应急计划的执行。

核电站质量保证

续表

类别	管理要求	报告内容
主控室日志	每个机组一本,由主控室操纵员填写,记录内容分为固定内容和非固定内容	固定内容包括: ①反应堆核功率、机组有功功率和无功功率; ②机组各种与核安全功能、核蒸汽供应系统、重要支持系统等有关的参数。 非固定内容包括: ①反应堆运行模式及变化、负荷变化; ②反应性变化,如棒位、硼浓度; ③设备状态变化,如隔离、临时控制变更、临时运行指令、不可用设备、特许申请; ④与安全有关的重要设备的维修过程和状态恢复; ⑤与质量、核安全相关的设备及消防设备的不可用情况、技术规范偏离情况; ⑥橙区、红区的出入、废物排放; ⑦化学化验结果、应急计划的执行、应急运行程序的使用; ⑧报警、异常及其处理结果、定期试验结果。
现场巡视日志	按现场巡视检查要求、验收准则进行	①记录现场参数和设备状态; ②记录现场的操作及结果; ③记录异常情况、临时措施和处理结果。

(2)记录仪记录图卷。在主控室、中间控制室及三废控制室等值班区域设有自动记录仪,自动记录某些设备或系统的参数值,对这些运行记录应当保证记录仪不停止工作以及卷纸中断,具体应做以下一些工作:

①及时发现并处理故障记录仪,记录故障原因;

②及时更换记录仪卷纸;

③在更换和新装上的卷纸上应注明记录仪号码、日期、时间,操作者签名;

④记录仪卷纸上记录的参数有突变或异常时,标明原因并由操作者签名;

⑤在卷纸上标注时,不能损毁记录仪的记录;

⑥将换下的记录卷纸放于指定处。

(3)其他记录。其他记录主要包括:

①3D打印机打印记录；

②定期试验报告；

③再线文件；

④三废排放单；

⑤行政隔离许可证和变更单；

⑥工作许可证；

⑦各种临时准备文件的执行记录。

上述各类运行记录应清晰可读，并按需要规定相应的保存期，对各类记录要加以标识和编目。各种运行记录反映核电站的运行活动历史，历史是无法修改的，对记录错误确实需要修正时，应签上修改者名字和日期，以便于追溯。采取的修改方法应保证原先的记录清晰可辨。

此外，应建立书面规定并采用经批准的制度，保证运行活动记录在工作结束之后，能妥善地加以收集、保存和维护，以满足法规、标准的要求。防止因火灾、水灾、偷窃及环境条件恶化造成运行记录的变质、丢失和毁坏。

十、运行值班与交接班

1. 运行值班

运行值班的目的在于维持机组的安全与运行，那么如何维持和保障核电站的核安全和经济运行呢？这显然是运行质量管理所关心和必须要解决的问题。

要解决这个问题，首先必须弄清楚运行值班活动的性质。值班活动的实质是一种以控制为主导的活动，它所关注的重点在于具体操作和无实质操作时发现异常并采取纠正行动，恢复核电站各系统或设备至设计所规定的状态，而发现异常是采取纠正行动的起始条件和基础。因此，积极有效地发现异常、迅速采取纠正行动和有效的风险控制是运行值班的主要活动。

在核电站，通常要开展机组监控活动，通过机组监控活动及时、有效地发现问题，为此要采取一些措施：

（1）主控室内必须有一名经授权的有执照的操纵员自始至终控制着每一设备；

(2)主控室操纵员必须仔细检查控制盘,并具有适当的频度,包括对以下各项的观察和判断:

①关键核安全参数的指示;

②各种记录仪显示的趋势;

③非正常工作的设备运行状态;

④处于报警状态的通道。

(3)运行值班期间的工作应由主控室操纵员或值长授权,以便使:

①操纵员始终知道正在进行的工作;

②能将机组状态的变化或其他应注意的事项向全厂通报。

(4)记录与核安全和质量相关设备、消防设备和其他重要设备的不可用性,记录硼浓度,分析结果和燃耗等。

(5)主控室操纵员应当验证各项操作文件的正确性。

(6)主控室操纵员应审查现场的执行记录,保证其完整性、正确性和可读性。

(7)技术人员应开展适当频度的现场巡视,巡查的范围应覆盖核电站的关键区域。

同时,为了使主控室操纵员能集中精力控制机组,应减少不必要的干扰,将与安全和可靠运行无关的辅助性任务减至最少,保持控制室安静,禁止与运行无直接关联的人员进入主控室等。

作为值长,应密切监控:

(1)主控室操纵员执行的重大操作;

(2)核电站状态的重大变换;

(3)隔离、解除隔离、再线等。

为了能对发现的问题迅速采取相应的纠正行动,主控室操纵员必须根据报警级别,有选择地优先使用报警卡,采取措施,努力消除反复、长期出现的报警指示;各级值班人员应向负责人及时报告所发现的异常、不可用的情况等。

此外,为了有效地控制风险,运行值班期间,对任何与批准的程序有偏离的运行活动都应当持非常谨慎的态度。一般而言,值长授权的短暂偏离不应影响原程序的目的,持续期限不应超过当班时间。如果出现了运行程序没有预见到的事件并且需要立即采取行动时,应使核电站进入现有运行程序所覆盖的安全状态。

2. 交接班

交接班是把工作时间内机组的运行情况及变化交代给下一班,使接班者有一个重新认识机组的过程,这个过程就是交接班。

交接班意味着控制任务的转移,交接的目的在于把当班所进行的各种活动、操作及由此改变的设备和系统的状态以信息的形式完整无误地传递给接班者,供其利用,并进而影响接班者的运行操作。因此,交接实际是信息交接。

交接班首先要解决哪些运行信息要求交接这一问题。按国际原子能机构《运行质量保证》的有关规定,交接班应包括如下事项的信息:

(1)主要部件和系统的运行状态;

(2)重要部件和系统的安全相关参数的变化与趋势;

(3)异常的系统或试验结果;

(4)值班期间出现的重大新缺陷;

(5)与正常运行的偏离;

(6)进行中的或为接班者计划的维修和试验;

(7)放射性状态的变化;

(8)来自运行单位的特殊指令;

(9)临时运行指令、设计变更和通知;

(10)关键事项的交代;

(11)日志审查。

其次,如何保证与上述有关的信息能够完整、准确无误地传递,这是交接班不能忽视的问题。要解决这个问题就必须弄清哪些因素会阻碍信息的传递。

核电机组运行值班与交接信息传递的质量控制如表 3-7 所示。

表 3-7 信息传递的质量控制

信息传递缺陷	质量控制方法
差别 交班人员与接班人员之间能力、知识和经验的差别越大,信息流通越困难,用于解释和陈述的时间就越多。这种差别达到一定程度时,双方的精神状态和态度也会发生变化,语义不清、感觉失真,时间就会不够用,最终导致信息无法传递。	①实行同岗位人员交接制度。同岗位人员接受过相同的培训,具有大致相同的技术能力、经验和知识,可把这个因素的影响减至最小。 ②参与交接的值班人员应确保每个岗位有1个以上人员,以保证同岗位交接制度的实施。 ③交班人员应拒绝将工作交给醉酒者或状态不佳的接班人员,并应向值长反映情况。
载体 科学已证明:75%的信息来源于视觉,20%的信息来源于语言,因此传播渠道的选择也会影响信息的流动。	①交接最好在工作地点进行,对于那些正在进行的复杂现场操作,必须进行现场交接。 ②交接双方一起检查主控室及中间控制室的所有控制盘,查看系统再线情况、开关位置、指示器和记录仪。
环境 隔离不充分的房间,周围同事的打闹声,人员的频繁走动,手中漫无目的的耍弄东西或在进行交接的关键阶段被打断,都会对运行信息的传递产生阻碍作用。	交班前必须整理好各种工具、安全设备和钥匙,清理好工作区域和环境,并达到所要求的整洁程度。清扫主控和其他控制室、控制盘,减少人员走动,创造良好的工作环境。
语义 当交接双方使用他人不能够理解的词语时,或使用超出他人词汇量范围的语言时,就会产生语义问题。 **感觉失真** 由于自我概念、自我理解不够完善,或是对他人的理解不够充分,都有可能产生感觉失真,产生理解上的偏差。 **文化差异** 交接双方来自不同的地区,接受不同的教育,有不同的价值观、人生观和质量意识等,这种文化差异会影响运行信息的传递。	①信息必须清晰、明确,让接受者明白、理解。 ②交接的运行信息不仅仅是事实,而且还包括交班者的情感、观点和观念,交班者的情感、观念和观点又会强烈地影响接班者对事实的接收,为了发现和消除其可能带来的消极影响以及避免在各种活动、操作、设备或系统状态转变成信息的过程中因语义、文化差异等问题导致运行信息内容的遗漏和偏差,必须客观地将不受"当班人员加工"影响的运行信息的事实部分以岗位日志的形式保存下来。

信息传递缺陷	质量控制方法
反馈 信息的形成受个人知识、经验和表达能力的影响,信息的接收同样如此。因此,运行信息的传递是否正确一致,是否足够,要通过测试,这就要求交接双方给予互相反馈以调节运行信息的传递过程。如增加交接时间,澄清语义,变换交接环境,调整语气和语速、情感等,直至信息传递完整无误。	①在事件或重要活动的过渡过程中不得进行交接,接班人员可根据当班值长的指导来帮助完成工作,以减少反馈环节。 ②"不耻下问"直到没有任何疑问。 ③使用适当的语句、语调以提醒对方积极倾听。

【案例】

信息传递偏差造成后果

大亚湾核电站早期曾发生过由于没有充分重视并排除信息传递障碍因素造成接班值误解,从而导致了事故的发生。

1995 年 2 号机组大修期间,反应堆处于换料维修停堆状态,反应堆水池充水完毕。根据程序的要求,反应堆水池充水完毕后必须打开 PTR008VB,使 PTR 作为 RRA 的备用。但是,当班主控制室操纵员没有派人进行这项操作,只是在该项操作要求的旁边写了一个"NO"(本意是尚未执行,要接班者实施),然而接班者则以为"NO"表示不用做。交接后,接班人员把 PTR002PO 投入运行,对乏燃料水池进行冷却,但由于出口阀 008VB 关闭,实际上不可用,致使乏燃料水池失去部分冷源,温度上升,1h 后乏燃料水池温度上升了 10℃,且 PTR002PO 有损坏的风险。

该事件按 INES 标准定义为 1 级事件。这是一个典型的因"NO"语义障碍,引起感觉失真,导致有关运行操作信息传递偏差造成的事件。

由此可以看出运行交接是一项非常重要的活动,绝对不可等闲视之。

第三节　核电站运行活动的质量监督

质量监督是指为了确保满足规定的质量要求,对产品、过程或体系的状态进行连续的监视和验证,并对记录进行分析。核电站运行活动质量监督是运行质量活动的重要组成部分。

一、核电站运行活动质量监督的意义

1.运行活动质量监督是由核电站运行活动特点所决定

首先,核电站的运行活动具有高风险、事故代价大和后果的即时性等一系列特点,这决定了对运行活动误操作和相关运行缺陷的管理,必须致力于预防。克劳斯比曾经说过,"酿成错误的因素有两种,缺乏知识和漫不经心"。在实际操作中运行人员的疏忽走神或漫不经心均会酿成大错。而适当的运行质量监督除了能够在发生事故之前发现一些隐蔽的运行缺陷以外,还可以在现场阻止可能的误操作;更重要的是在于经常的运行质量监督,能够在运行人员的工作场所制造一种适度的监督压力,这种监督压力能够有效地发挥人的潜能,保持员工的敏感性,在消除运行人员的疏忽走神或漫不经心等方面发挥积极的作用。

其次,核电站的运行活动较为复杂,通过有技术和运行经验的质量监督人员参与运行活动的质量监督、及时指出缺点,也是经验共享、培训和引导的过程,这能够在一定程度上弥补运行人员在经验或相关知识方面可能存在的不足,从而进一步保证机组的安全。

2.运行活动质量监督是核电站管理的需要

核电站运行活动数量和类型众多,每一项运行活动都是通过授权的方式,由具备一定资格的运行人员实施和管理的。他们必须按照核电站的政策和各级管理程序的要求执行操作,而这些程序相互之间是否协调、运行人员是否严格按照程序的规定操作及效果如何,都是管理层关心和需要解决的问题。运行活动质量监督就是解决这个问题的重要手段之一,它能够为管理层在现场的实施现状存在的问题提供核电

站相应的管理政策,协助各级管理层制定纠正行动,实现持续改进。因此,运行活动的质量监督有利于核电站的管理,能在一定程度上起到保障运行安全、促进管理的作用。

核电站管理中运行活动的质量监督有以下四种职能。

(1)评估职能。评估是管理者考核核电站运行管理要求的贯彻实施、技术规范的遵守情况的有力工具。

(2)预防职能。通过运行活动质量监督所反馈的信息和数据,为管理层了解现场问题,进而为开展质量改进提供可靠的数据和决策信息,防止同类问题的再次发生。

(3)报告职能。通过运行活动的质量监督,了解并掌握核电站的运行活动质量现状,经过评定和分析,对机组状态做出评估,向管理层报告。

(4)培训职能。有效的运行活动质量监督,本身就是宣传质量要求的过程,它能够有力地促进运行人员对质量要求的理解并培育其质量意识。

3. 运行活动质量监督是国家法规的要求

核电站的质量保证法规要求,凡影响核电站质量的活动都必须按适用于该活动的书面程序、细则或图纸来完成;为了验证物项、服务和影响其质量的各项活动是否符合已形成文件的程序、细则及图纸的要求,必须对保证质量所必需的每一个工作步骤都进行检查。因此,必要、适度的运行活动质量监督,除了出于核电站管理上的需要,也是质量保证法规的要求。有效的运行活动质量监督是督促并保证运行人员按程序办事的重要因素。同时,有效的运行活动质量监督在监察、督促所有相关的人员遵守程序、依程序开展活动,维护程序的严肃性,遵守国家法规方面具有十分重要的意义。

二、运行活动质量监督前的准备

由于运行活动的复杂性和重要性,要想真正做好运行活动质量监督,发现问题、解决问题,使所选的监督内容能够具有代表性,就要做好充分的准备,其中包括人员资格的准备和实施监督前的准备。

1. 人员资格准备

运行活动的专业性比较高,它所涉及的方面众多,包括水、电、气、材料等,尽管在现场很多时候只是要求运行人员能够按照相关程序进行操作,但对这些方面知识的了解无疑会对运行活动会有更好的帮助。因此,质量监督人员要了解相关的管理程序和要求,能够看懂运行的技术程序,比如定期试验程序、大修程序等,除此之外,还应当知道运行现场实际操作的诸多要求,最好曾经参与过相关的运行活动。

核电站运行活动质量监督人员要求在现场实习最少三个月,一般是跟随核电站运行人员进行倒班。在倒班期间要充分参与到运行的各方面活动中,了解诸如隔离、解除隔离、再线和流体传输等工作的一般过程和要求,同时熟悉现场各个设备和系统的位置,除此之外,还应当接受相关的理论培训,包括学习《电站系统与运行》与各种操作程序培训等。

2. 活动的选择

质量保证对运行活动的监督属于抽查,为保证所选的活动具有代表性,在实施监督之前就应考虑以下几个方面。

(1)时间选择。很多时候运行活动的目的是为其他部门的活动做好准备,如设备纠正性维修。为保护工作人员以及设备的安全,在维修之前要求对相关的设备进行隔离,切断流体并疏排掉管道中残留部分,同时采取断电等措施。除紧急情况,维修人员一般在白天进行工作,将隔离、解除隔离等活动安排在夜班执行,这样可以提高整个核电站的工作效率。与此对应,质量保证监督人员现场监督隔离等操作,也安排在夜班执行。

(2)不同运行值班的选择。核电站运行倒班包括六个运行值班,要想了解现场人员是否都能严格执行操作要求,在监督时不仅要选择不同的活动进行跟踪,还要将这些活动的监督安排在不同的值班之间,使监督结果全面反映实际情况。

(3)取样数量。监督取样的数量当然越多越接近实际情况,但是这并不代表着越多越好。因为一方面受监督人员数量和时间的限制,不可能取太多,另一方面取样的数量能够满足监督目的即可;当然也不能太少,因为太少则会导致监督结果缺乏说服力。在实际工作中,取样数量的多少取决于监督人员对运行活动的了解程度和监督活动的目的。如果监督人员充分了解所监督的活动,他就能判断哪些活动最具有代表性,监督多少次就能满足此次监督的目的;监督的目的假如是体现运行某些方面管理水平的,则可能取样数量较多。

3. 监督依据

为保证现场监督的有效性,要求监督人员在监督之前充分熟悉相关要求,包括管理要求和技术要求。为起到提醒作用,监督人员在现场一般要求携带监督清单。清单内容包括所监督活动的有关要求。在现场,监督人员如果忘掉或不熟悉这些要求,可以此为参考,同时可以在清单空白部分记录发现的问题和相关证据。清单可以由监督人员根据对要求的熟悉情况自己制定,也可以使用标准清单。

三、运行活动质量监督实施与注意事项

现场运行活动质量监督是整个监督过程的关键,它的质量直接影响到最终监督结果,为此应注意以下几点。

1. 运行活动质量监督的实施

监督活动可能是某项活动的一部分,也可能是整个活动过程。例如运行隔离的实施,若是要求评估现场实施部分,包括监护验证、监护人和操作人唱票等,可以在其隔离的现场进行监督。若是对这个隔离过程进行评估,就应当从隔离票在隔离办公室的准备、风险分析、现场操纵员取隔离票、隔离前碰头会、隔离监护、隔离实施和隔离票交换等各方面全程参与。

监督人员根据预先选择好的运行活动,查询相关的生产计划,找出活动实施的地点和时间,携带相应的检查清单提前到现场。在现场主要采取的方法是观察,监督人员可以直接在运行活动实施人员的视力范围之内,也可以在视力范围之外,因为这种监督属于独立监督,所以记录的证据尽量是可追溯的事实,如工作记录等。若不具备可追溯性,如某些动作不规范,在作为问题提出之前应当得到相关人员的认可,必要时让相关人员签字确认。

监督时尽量利用检查清单来执行。监督的内容包括执行此项活动的各个方面：准备阶段隔离经理是否对每一项隔离活动都进行过风险分析；现场实施阶段是否按照程序逐步执行，执行完后是否在相关位置画钩；在执行过程中是否同其他人员保持必要的联络；监护人员是否认真起到监护验证的作用；发现问题能否尽快正确处理，包括通知有关方面和自己在现场采取的措施；所有工作完成后，是否在工作记录上签名和填写日期。

监督人员应当一边观察，一边记录。监督完成后，按照相关要求处理所发现的问题。

2.工业安全

监督过程大多在现场，尽管监督人员自己不直接参与操作过程，但为保证自己的人身安全，应当严格遵守工业安全规定。

（1）穿戴好所有的劳保用品。这些劳保用品包括核电站所发的安全鞋、安全帽、安全服。在光线不充足的地方还要携带手电等照明工具。

（2）监督人员要注意辐射防护，避免或尽量减少放射性照射。在进入放射性区域之前，应当穿戴好所有的专用服装，如核岛连体服、手套、安全帽等，同时正确佩戴电子剂量计。在监督现场时，避免触及放射性设备以防沾污；同时，只要不影响到监督效果，要远离放射源；监督完成后，尽快离开。一旦发生沾污或受到照射，要尽快报告给辐射防护人员，积极配合处理。

3.设备安全

运行监督人员在现场只具有监督的责任，没有权力对相关设备进行操作。监督时，不要触及一些敏感开关，如电动按钮。其他设备确实需要触及时，应保证这种接触不会影响设备安全，导致设备状态改变。例如要验证某阀门是否已关紧，要在现场操作员先关紧阀门，监督人员在征得对方同意情况下，才可动手判断阀门是否已经关紧。

4.问题处理

当运行监督人员在现场发现问题时，如隔离错误，现场所挂隔离票上是 A 阀门，运行人员却对 B 阀门实施了隔离，若周围有运行人员，应当立即通知他们;如果没有,要通知主控制室或隔离办公室,不能认为问题简单或时间紧迫而自己操作设备。

监督过程中观察到运行人员执行的操作与程序或要求不符,但对这种操作是否合乎要求不能确定时,要向对方提出自己的疑问;若判断对方操作错误,应当立刻指出,避免使问题引起的后果扩大;若只是违反某些管理规定而未引起后果,监督人员可以等此项工作完成再向对方指出,若情况普遍,还可以要求对所有现场运行人员进行再培训。

5.相互合作

运行监督要得到对方的配合才能更好地实施,因此,监督人员要有服务意识,明白监督的目的在于完善工作,若对方对此理解有误,应当积极向对方解释。发现问题后,在指出问题的同时要阐明理由。有些被监督人员对监督者可能采取敌视态度,不合作,不听监督人员的解释,此时,监督人员要克制,不要与对方发生摩擦,必要时交由上级处理。

在现场监督过程中,尽量不要干扰对方工作,如请教对方某些技术问题,要等工作完成后再做,只有当发生疑问且不解决这些疑问可能产生后果时才向对方询问。

有时,质量监督人员要和其他部门合作共同实施运行监督,由于看问题的角度不同,可能产生分歧,这时需要认真讨论,不要一意孤行。

【思考题】

1.核电站是怎样发电的?

2.核电站由哪些系统组成?它们的功能是什么?

3.核电站运行文件管理有哪些特点?

4.核电站运行期间的日常巡视包括哪些内容?

5.核电站定期试验计划包括哪些内容?

6.核电站系统状态改变的质量控制包括哪些内容?

7.核电站运行记录具有哪些重要作用?

8.核电站运行活动质量监督有何意义?

9.核电站运行活动监督前应做哪些准备?

10.核电站实施运行监督应注意哪些事项?

第四章　核电站维修的质量管理

机器设备在日常使用和运转过程中，由于外部负荷、内部应力、磨损、腐蚀和自然侵蚀等因素的影响，设备的生产能力会降低，甚至可能导致设备事故和人身伤害，这是所有设备都避免不了的技术性劣化的客观规律。为了使机器设备能正常发挥生产效能，延长设备的使用周期，就必须对设备进行适度的检修和日常维护保养工作。

核电站也不例外，在经过一定时间的运行后也要对设备进行检修，以确保设备是安全可用的。

第一节　国外核电站维修的质量管理

核电站维修是指为了确保核电站实体部分在设计寿命周期内保持和恢复实现设备设计功能和质量所进行的一切活动。核电站主要采取有计划的预防性维修方针，根据设备本身固有规律，在其可能损坏之前进行检修。由于核安全的重要性，核电站维修必须执行严格的质量管理。

一、世界核电站建造发展历程和现状

1.世界核电站建造发展历程

从世界核电站发展历程来看，大致可分为四个阶段：实验示范阶段、高速发展阶段、减缓发展阶段以及开始复苏阶段。

（1）实验示范阶段。1954—1965 年间，全世界共有 38 个机组投入运行，属于早期原型反应堆核电站，即第一代核电站。其间，1954 年，苏联

建成 5MW 的奥布涅斯克实验性石墨水冷核电站;1956 年,英国建成 45MW 的卡德豪尔石墨气冷核电站;1956 年,法国建成 40MW 马尔库尔石墨气冷核电站;1957 年,美国建成 60MW 西坪港压水堆核电站;1960 年,美国建成 250MW 德累斯顿沸水堆核电站;1962 年,加拿大建成 25MW 罗尔佛顿重水堆核电站。目前,第一代核电站已基本退役。

(2)高速发展阶段。1966—1980 年间,全世界共有 242 个核电机组投入运行,运行机组属于第二代核电站。由于石油危机的影响以及被看好的核电经济性,核电站建造得以高速发展。其间,美国成批建造了 500~1100MW 的压水堆、沸水堆,并出口其他国家;苏联建造了 1000MW 的石墨堆和 440MW、1000MW VVER 型压水堆;日本、法国引进、消化了美国的压水堆、沸水堆技术;法国核电站发电量增加了 20.4 倍,比例从 3.7% 增加到 40% 以上;日本核电站发电量增加了 21.8 倍,比例从 1.3% 增加到 20%。

(3)减缓发展阶段。1981—2000 年间,由于 1979 年美国三里岛核电站事故和 1986 年苏联切尔诺贝利核电站事故的发生,直接导致了世界核电站建造的停滞,人们开始重新评估核电站的安全性和经济性,为保证核电站的安全,世界各国采取了增加更多安全设施、更严格的审批制度等措施,以确保核电站的安全可靠。

(4)开始复苏阶段。21 世纪以来,随着世界经济的复苏,以及越来越严重的能源危机,促使核电作为清洁能源的优势又重新显现,同时经过多年的技术发展,核电站的安全可靠性进一步提高,世界上核电站的建设开始进入复苏期,世界各国都制定了积极的核电站建造发展规划。美国、欧洲等国以及日本开发的先进轻水堆核电站,有的已投入商运或即将立项。

2.世界核电站建造发展现状

目前世界上已有 30 多个国家或地区建有核电站。根据国际原子能机构(IAEA)统计,截至 2012 年 12 月底,共有 437 台核电机组在运行,总装机容量约 370GW。核电站主要分布在北美的美国、加拿大,欧洲的法国、英国、俄罗斯、德国和东亚的日本、韩国等一些工业化国家。如图 4-1 所示。

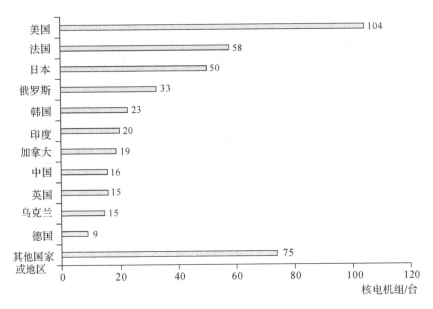

图 4-1 世界各国核电运行机组数量

全球在建核电机组 68 台,装机容量约为 70.69GW,其中超过 70%的在建核电机组集中在亚洲的中国、印度和欧洲的俄罗斯等国家。

根据设备本身的固有规律,核电站的维修也伴随着核电站的产生和发展而产生和发展。

二、核电站维修的类型

1.预防性维修

预防性维修是强调设备维修以预防为主,加强日常检查和定期检查,根据零件磨损规律和检查结果,在设备使用过程中做好维护保养工作,在设备发生故障之前有计划地进行修理。预防性维修一般分为以下两种。

(1)周期性维修。按预先制定的时间表实施维修,而不考虑设备的状况如何。周期性维修的理论基础是设备故障浴盆曲线。核电站机组在换料大修时基本上是一种周期性检修。

(2)预见性维修。它通过监测设备,采集、积累数据来判断故障是否有可能发生,从而选择设备维修的最佳时机。

2.纠正性维修

设备发生故障后才进行修理,称为纠正性维修,也称为事后维修,是一种被动式维修。

核电站的维修是以提高企业生产经济效益为目的来组织设备维修的,其维修是根据设备重要性来选用维修方法的,对那些重要系统的设备采取预防性维修的方式,对一般性设备采取纠正性维修。

三、核电站维修工作的特点

1.技术和质量要求高

为了确保核安全,核电站的设备,尤其是核岛设备的可靠性高、技术复杂以及在制造上的质量要求高,因此这些设备的维修技术和质量要求也很高。国家核安全局对核安全相关设备的维修和定期试验实施严格的监督。

2.维修条件苛刻

一方面,尽管核电站在设计上采用纵深防御策略,大量的重要辅助设备采用冗余和多样化的设计,且都有备用设备。但为了保证核电机组在高安全水平上运行,核电站的运行技术规范对核安全相关设备的退出运行和维修时间做了非常苛刻的限制。另一方面,由于放射性物质的存在,很多核岛设备维修是在高放射水平的环境下进行的。严格和复杂的辐射防护措施增加了维修工作的难度,降低了人员的工作效率。即使在停堆换料大修期间,为了保证核燃料的安全性,很多安全专设系统和设备仍要保持其功能和运行状态,这给大修增加了很大的难度。

3.维修风险大

为了提高机组和系统的可靠性,最大限度地降低人因失效对机组安全性的影响,核电站的运行技术规范对系统和重要安全设备的状态和参数都有严格和详细的规定。在维修活动中的安全措施和维修实施中,一些人因失误影响其他系统和设备的状态和参数,造成违反技术规范事件,或者影响控制系统或触发保护而造成停机和停堆等重大事件,都要上报国家核安全局。因此核电站的维修风险远大于常规电站,做好维修工作前的风险分析是核电站维修工作的一大特色。

4. 大修组织难度大

压水堆核电机组必须定期换料,电站利用定期换料的机会安排对大量的设备进行检查和维修,包括了大量的预防性维修、纠正性维修、在役检查和工程改造等工作,以及系统、设备的定期试验,等等。大修所涉及的专业也相当广泛,包括机械维修、电气维修、仪表控制、专用工具、核燃料、反应堆运行、核电站化学、放射物理、无损探伤、性能试验、防腐、安全监督、质量监督、工业计算机、采购与供应、运输、成本控制和商务合同谈判等等,这些都将导致大修的工作接口繁多,使得大修的组织与管理成为系统工程。为了经济利益,核电站业主都希望大修工期尽可能短,这对大修的组织、计划、协调提出更高的要求。

5. 辐射防护要求高

核电站很多区域的系统设备包容有放射性物质,为了降低维修人员的辐射剂量到合理水平和避免放射性污染,核电站建立了严格的辐射防护管理制度。

针对不同的控制区域和不同的包容放射性流体设备的维修,须采取不同的辐射防护措施。

个人防护包括剂量监测、个人防护服、气衣等。区域防护包括生物屏障、空气隔离间等。管理防护包括工作时间限制,采用专用工具或自动工具甚至机器人。在放射区工作时,所产生的放射废物要分类收集处理,受到放射性污染的工具、部件需要特别存放或去污处理。

考虑到核电站放射性的潜在危险性,核电站在设计时对核辐射的危险采取了阻挡射线的屏蔽措施,而且按各区域剂量水平的高低,把核岛各房间划分为绿、黄、橙、红四级,依次表示放射性水平由低到高以及每一级的剂量强度范围。绝大多数情况下,生产人员的活动范围在绿区和黄区。而红区一般都要上锁,没有核电站总经理签发的特殊许可,不准进入橙区和红区。剂量较高场所的工作,都必须合理地执行辐射量尽可能低的原则。

四、外国核电站维修管理

1. 核电站维修管理的发展

随着核电站的产生和维修技术的发展,核电站维修管理经历了全员生产维修体制、以状态为基础的维修体制,以及以可靠性为中心的维修体制的主要过程。

全员生产维修体制是日本在 20 世纪 60 年代引进美国的生产维修体制,并于 70 年代逐步发展形成的。它包含全效率、全系统和全员参加三方面的内容。全效率是指设备寿命周期费用评价和设备综合效率;全系统是指生产维修系统的各个方面,如技术、经济、管理并包括预防维修、事后维修和改善维修等方面;全员参加是指该预防性维修体制的群众性。

以状态为基础的维修体制是在 20 世纪 70 年代起随着电子和计算机技术的发展而普及使用,因为用先进设备能够诊断和判断设备性能的优劣,并及早制定对策和采取措施,以减少设备,特别是大型设备、关键设备的损坏和停机损失。

以可靠性为中心的维修体制最早产生于 20 世纪 60 年代美国航空业,美国核电站于 20 世纪 80 年代开始引入以可靠性为中心的维修(RCM)体制,并在 90 年代迅速推广到全世界核电业。它本身不是一种维修类型,而是一种分析方法,是一种用于为确保任何设施在使用环境下保持实现其功能所必需的方法,它通过对系统或设备的功能、故障模式、故障率、故障的后果和影响以及导致故障的劣化机理等的分析,采取决策树寻找系统的最优维修方法,在保持和提高机组安全性和可靠性的总目标基础上,减少维修工作量和节约维修费用。

2. 法国核电站维修管理

法国在 20 世纪 50 年代开始发展核电,在 60 年代发现压水堆的优越性后,和美国西屋公司(Westinghouse)共同组成法玛通(Framatome)公司,全套引进美国压水堆的制造技术,并在法国政府的强力支持下,由法国电力公司(EDF)从 70 年代到 90 年代,先后建成 54 台核电机组,并成套出口到比利时、南非、韩国和中国。

127

法国电力公司作为法国唯一的运行电力公司，其核电站的维修有其鲜明的特点——群堆管理，这是一种以定期检查为基础的预防性维修体制。各核电站都是按照预先确定的预防性维修大纲安排维修计划的，主要内容是定期试验和检测。这种维修的负面影响是常常造成过量的维修而引起成本支出过大。

在以可靠性为中心的维修体制（RCM）刚刚在美国推行时，法国人抱有怀疑的态度，但随着以可靠性为中心的维修体制在世界范围内的推广，其优点也越来越明显，在20世纪90年代末期，法国也开始推行以可靠性为中心的维修体制的前期技术准备工作。目前介于这两种维修体制的过渡期。

3. 日本核电站维修管理

日本是一个能源贫乏的国家，因此积极地引进和发展核电工业。先是引进英国的高温气冷堆，在发现该堆型的发展方向不是很好后，日本政府下决心引进美国的压水堆和沸水堆技术，并由三菱、东芝和日立公司参加核电站建造工程，引进设备制造技术并不断消化吸收和改进，成功实现了自主化设计、建造和维修。至今有超过50台机组在运行，东芝和日立公司成为沸水堆供应商，而三菱公司成为压水堆供应商，并于2005年出资60亿美元购买了美国西屋公司核电事业部，准备依托美国核电技术在全球核电站领域进行发展和扩张。

日本的核电站非常重视机组的可靠性，追求无非计划停堆的目标，推行预防性维修体系。通过在大修期间定期检查、无损探伤试验和泄漏检查来保证设备的完好，定期更换损耗件，有规律地采取防止设备性能降低的方法，如定期检查核电站经常有故障的设备和部件，更换最新技术制造的设备和部件。

日本的核电站本身不设置维修队伍，维修和大修工作直接委托给设备制造商，但各核电站都设置了比较强的设备管理人员，负责设备维修管理和质量控制检查。

4. 韩国核电站维修管理

韩国核电事业起步于20世纪70年代，同时引进美国的压水堆和重水堆,因为最初所引进压水堆技术的美国西屋公司的部分技术保密,为尽早实现技术自主化,韩国决定再引进美国燃烧工程公司(ABB-CE)的改进型压水堆作为国家标准堆型,至今有超过18台机组运行,已经实现核电技术的自主化。

作为韩国唯一的电力运行公司韩国电力公司(KEPCO)在提高核电机组的安全性、可靠性和可用率方面做了很大努力,使核电站运行较快达到世界水平。其维修管理是建立在预防性维修体制基础之上的生产维修,最大限度地减少设备性能的降低,在追求最低成本的基础上,寻找能满足设备和技术要求的有效维修。

20世纪90年代中期,韩国电力公司制定了推广以可靠性为中心的维修体制的计划,分为三个阶段实施:首先是以可靠性为中心的维修的基础准备工作,成立组织、建立设备和技术数据库,开发计算机软件,编写有关以可靠性为中心的维修的导则和程序;然后分析和试用根据以可靠性为中心的维修方法优化的预防性维修大纲,选取一个核电站进行试验;最后把以可靠性为中心的维修推广到其他电站。

韩国核电站的维修组织和日本的相近,本身不设置维修队伍,其维修基本上由两个维修公司承包,机械和电气由一个公司负责,仪表控制由另一个公司负责。核电站负责设备管理和质量控制,也包括少量仪表和控制方面的维修工作。

5. 美国核电站维修管理

美国是核电技术出口国,包括法国、日本、韩国、西班牙等都直接引进美国的核电技术。压水堆和沸水堆作为美国核电站的主要堆型,西屋公司是压水堆的制造商,通用公司是沸水堆的制造商。

20世纪80年代,以可靠性为中心的维修体制由航空业引入核电站后,维修管理技术在美国得到了快速发展,大部分核电站的换料周期由12个月改进为18个月,有的核电站已成功做到24个月的换料周期,大大提高了机组的发电能力。由于美国三里岛核电站机组堆芯熔化事故以后,美国本土再没有新核电机组建设,但是美国并没有停止核电技术的开发,美国开发的代表核电站第三代最新技术的AP1000已落户中国。

五、国外核电站维修的基本模式

从国内外的情况看,核电站大修基本模式可以分为三种:自行维修模式、外委维修模式和供应商维修模式。

自行维修模式是指由核电站自己建立的维修队伍实施大修;外委维修模式是指将核电站大修完全委托给外部的大修队伍(如专业的维修公司)承担;供应商维修模式是指将核电站大修交给设备供应商。

这三种模式的优缺点如表 4-1 所示。当然,实际维修时可能采用某种混合模式。

表 4-1 核电站大修模式的比较分析

大修模式	优点	缺点	能力需求
自行维修模式	对维修活动能充分掌控	需要常年供养自己的大修队伍	维修管理能力 维修实施能力
外委维修模式	①可以享受到专业化、市场化的维修服务 ②无须自行供养大修队伍	①对维修活动的掌控能力较弱 ②影响技术掌握	部分维修管理能力
供应商维修模式	①可以充分发挥厂家的技术能力和专业维修优势 ②无须自行供养大修队伍	维修管理的工作量大、接口多,质量控制难度大	维修管理能力

核电站维修的需求决定着维修模式的选择;维修模式的选择决定了维修人员能力的培养方向。

第二节 我国核电站维修的质量管理

我国正处于核电站建造的高峰期,根据近年核电站的建设、投产和规划情况,未来核电站的大修需求呈现持续上升状态。我国核电站根据设备本身固有规律,主要采取有计划的预防性维修方针,在其可能损坏之前进行检修。

一、我国核电站建造情况

我国核电站的研发起步于 20 世纪 70 年代,80 年代至 90 年代初取得突破性进展。1981 年 11 月,国务院批准了秦山核电站一期工程的自主建设,1985 年 3 月 20 日,秦山核电站浇灌第一罐混凝土。1991 年 12 月 15 日,秦山核电站首次并网发电成功。秦山核电站的并网发电结束了中国大陆无核电站的历史,使中国成为世界上第七个能自行设计建造核电站的国家。随后广东大亚湾、秦山二期、秦山三期、广东岭澳、江苏田湾和浙江三门核电站相继开始建设并陆续并网发电,一座又一座核电站像雨后春笋般在中国大地上出现。如今我国已系统地掌握了核电站建造的关键技术和与国际标准接轨的先进的工程管理规范和方法,建立起了一套比较完整、科学、有效的核工程质量和安全保证体系,从而保证了我国核电站的建造和运行安全,为国际所认可。

二、我国核电站维修模式的发展

我国核电站的维修管理与供应商国家的维修技术是相关联的,各类不同的运行公司都需要经过建立、发展和提升三个阶段,才能逐渐形成具有各自特点的维修管理模式。

在核电站运行初期,因为核心设备制造的非国产化,所以必须采用引进和吸收相结合的方式建立维修程序体系、维修计划体系、工程管理和大修组织管理的预防性维修管理模式。经过多年实践和世界同类核电站维修的经验反馈,逐渐形成了预防性维修结合纠正性维修的生产维修模式,已基本上实现维修自主化,并且正逐步吸收以可靠性为中心的维修体制,进而不断提升维修管理的业绩。

我国的现行核电站维修组织机构设置,都是按照专业功能把机械设备、电气设备和仪表控制设备的维修责任划分得很仔细和明确,当设备出现故障时相应的专业责任主管部门负责维修。

核电站许多设备都由机械、电气和仪表控制所组成,如电动阀门、电动水泵、气动阀门等,按现行的分工方式分别由三个主管部门负责维修,分别制定各自的预防性维修大纲,在执行该设备的维修工作时,须有三个工作小组进行工作,当设备维修周期不一致或设备故障不明确时,该工作会在不同部门间传递,直到问题解决。

随着维修技术和管理的发展以及核电站设备的国产化率的提高,机电仪一体化的维修组织模式将替代现行的维修组织模式。机电仪一体化的维修组织就是将不同专业技能的人员放在一个责任组织内,负责涉及机械、电气和仪表控制的通用设备的维修工作。推行一体化的维修组织模式可以缩短维修工期,在简化不同操作的同时也弱化了专业之间的间隙。

我国维修质量管理的基础是维修中所使用的维修管理文件和维修技术文件。它们对维修活动具有指导性、指令性和一定的强制性,以避免人因错误和防范各种风险,使维修工作的质量以及检修工期、费用得到有效控制,同时也是机组安全、经济、满功率运行的基本保证。

维修质量管理由前期准备、现场维修活动的质量管理以及后期反馈三部分组成。

三、核电站维修的前期准备

维修前期应遵循维修准备原则,大修前必须做好充分准备,包括从力资源、维修管理文件、维修技术文件、备品备件、维修设备(专用工具)、计划项目、质量计划、风险分析、监督计划、设备退出运行到检修后的再鉴定系列活动的详细执行计划等的准备。这些工作是保证检修质量的关键。

1.人力资源

一线工作人员是核电站安全和质量的保证,是质量管理的重要组成部分。核电站必须将对承包商的培训任务纳入质量管理的计划中。维修人员必须完成培训并获得授权,以提高其专业技能和质量意识(包括对特种作业人员进行资格证、上岗证管理);加强员工的质量观念和质量忧患意识;提高检修人员的"安全文化"水平,检修人员在事前必须做好充分准备,并重视经验反馈,发现工作中有任何疑点要进行认真研究,学会应用风险分析方法,并注意情况交流,杜绝因检修活动引发任何不安全事件。

2.维修管理文件

维修管理文件的编写应严格遵守国家核安全局发布的法规、导则及安全规定,并确保检修任务执行前的先决条件得以满足。维修管理文件的内容包括组织机构、维修人员管理、维修技术文件管理、维修工具和备品备件管理等。

3.维修技术文件

维修技术文件主要包括预防性维修大纲、定期维修程序(维修规程)、检修质量计划、通用工具程序和废物处理程序等,其中维修大纲和维修程序是重点。维修技术文件根据 HAD103/08《核电厂维修》的要求进行编写。其编制工作的专业性强,对编写人员水平要求较高,所编写的文件在维修实施过程中应具有实用性可操作性。维修技术文件的编写是一项系统工程,其质量管理具有以下特点。

(1)编、校、审人员资格。编写、校核和批准人员要求具有相应的资格及授权。

(2)编写依据。维修技术文件编写的主要依据包括:

①国家有关法规、导则和规范。

②满足核电站的最终安全分析报告、维修大纲以及运行总则(GOR)的要求。

③核电站维修政策,这是编写维修实施文件的指导性文件。

④设计单位和供货商提供检修建议、检修标准及要求,体现在系统设计和运行手册(SDF)、设备运行和维修手册(EOMM)中。通过查阅 SDF和 EOMM,可以了解设备结构、性能及运行和维护要求,了解设备在使用周期内的可靠性和可用性,以及需进行何种维修活动及维修周期等。该部分是编写维修实施文件的主要参考文件。

⑤现场施工文件,如安装、调试文件等。

⑥充分利用参考核电站和国内运行业绩良好的核电站的维修经验、核电站内部的经验反馈及以可靠性为中心的维修方法和预测性维修策略。

(3)维修大纲。维修大纲是检修工作的纲领性文件,包括了核电站全部预防性维修活动,同时也是预防性维修程序和检修计划编写的依据。维修大纲规定了每台设备在寿命周期内应进行何种类型的检修、各项检修活动执行的周期、质量安全计划、规程及相应的维修程序编码。维修大纲应满足适度检修原则,维修周期的确定应以该设备原设计单位和制造厂家的建议为依据,防止过量、重复性维修。维修大纲可以按系统和专业分类进行编写,也可按某类设备(例如阀门、传感器等)或一个系统中的某台设备(通常是大型复杂设备)进行编写。维修大纲主要由四部分组成,分别是封面、改版记录表、源文件条目表(依据或出处及简要内容)和执行单元表(文件适用的设备、检修内容、周期、维修程序编码)。

(4)维修程序(检修规程)。维修程序针对具体设备并包含大量维修执行指令、关键控制点及执行结果记录。在核电站的系统和设备上进行各种维修活动,都必须按照维修程序中的指令或准备工程师的书面指令执行,使维修工作达到预期的效果和质量标准。

维修程序应该简洁明了,涵盖维修任务必不可少的工序指令和必要的图纸、记录表格以及质量检查活动控制点。其中工序由工作指令按维修活动工序步骤或过程组合而成。工序应与具体设备的结构和设计特点一致;工作指令要求准确无误,工序组合应具有逻辑性和可操作性,并且应明确可接受的质量验收标准。

维修程序的编写应突出风险意识,采用各种手段提醒执行者注意风险意识。维修程序主要由八部分组成,分别是封面页、目录、改版记录表、适用设备清单、工作准备(包括许可证、人员/时间、工具、备件、资料/图纸、安全、工作场地等的准备)、工作实施内容(描述检修工艺步骤要求及详细工序、质量控制点)、品质再鉴定、完工报告清单(包括检修结果和信息、见证点记录表)。

(5)维修技术文件生效过程的管理。维修技术文件编写完成后,要经过校核、审查、批准以及现场验证后才能成为最终有效文件。每个过程都要严格把关,确保文件的完整性、正确性和可执行性。

(6)维修基础数据库的建立。维修基础数据库的建立有利于维修活动的规范化、标准化以及不断进行的维修优化,有利于质量控制和持续的质量改进。数据库中的数据来源于每次/每项检修活动的完工报告、系统或设备设计改进完成后的总结、质量反馈和经验反馈。

（7）备品备件和维修设备（工具）的管理。按照维修管理文件要求，应对采购的备品备件、检修材料和设备（工具）质量以及入库管理进行质量控制。

四、核电站现场检修活动的质量管理

1. 设备检修前准备工作的质量管理

检修前的准备工作包括维修准备工程师和检修工作责任人的准备工作以及质量部门的质量检查工作。具体主要包括工作文件包（如规程、图纸、工作票等）的准备；工具、器材的准备以及防护物品的准备；还应安排专人进行现场准备，保证照明、通风、工作场地、设备或工作环境隔离等满足检修规程中的工作环境要求以及辐射防护、工业安全要求。

2. 检修活动质量管理措施

检修活动质量管理采取培训授权制度、规程制度、工作负责人责任制度、工作票制度、经验反馈制度（事故报告制度）、根据设备的重要性进行一级或二级独立质量管理（QC）以及大修期间设备缺陷管理制度等一系列管理措施。必须充分重视并应用在长期实践中所形成的许多行之有效的控制途径和方法进行过程控制。质量控制检查方法包括日常检查、跟踪检查、专项检查、综合检查以及监督检查等；检修过程质量检验方式包括自检、互检、专业检验和前后工序交接时的质量检查。

3. QC 人员和 QC 检查

（1）QC 人员。QC 人员应熟悉合同、规范、图纸和技术条件所规定的质量标准；应了解设备检修特点；应掌握 QC 工作超前性、QC 工作及时性、QC 工作原则性、QC 工作灵活性和 QC 工作主动性等。

（2）QC 检查。QC 人员在设备维修过程中应进行质量跟踪活动、现场监督和见证设备检修过程或见证质量计划中关键工序的质量节点。这是 QC 工作的核心内容，是确保设备检修质量得到有效控制的关键环节。QC 检查主要包括：

①参与审核重大或重点设备检修方案是否可行、完善、切合实际；

②审核检修质量计划；

③对工程材料、人员配置和设备等进行质量控制；

④全面监控检修过程，控制重点工序质量；

⑤保证检修工序、检修方法及环境符合要求；

⑥确保检修质量检验评定的有效性。

4.再鉴定工作

在设备上完成检修工作之后，必须验证该设备已恢复可用，能正常工作；在同系统或其他设备与其连接后，其功能、性能满足设计要求。再鉴定工作按鉴定的目的可分为品质再鉴定和功能再鉴定。品质再鉴定是为了验证维修程序所确定的目标已经实现、设备已恢复到令人满意的状态。如果鉴定结果令人满意，则将设备交还运行处，由运行处进行功能再鉴定；功能再鉴定是为了验证设备功能满足系统或核电站运行的要求。

5.质量问题的处理

对检修活动中的质量问题，应做到及早发现，及时处理，必要时发出质量观察单，采取有效的纠正措施以满足检修质量计划、技术规格书或标准规范的要求。

五、核电站维修的后期反馈

1.完工报告

维修程序的最后一部分是完工报告清单提交，包括检修结果、信息和见证点记录表。维修完成后由检修工作负责人对记录负责，质量人员负责检查并确定是否关闭该项维修活动。完工报告清单应录入维修基础数据库中，成为设备历史档案并为维修改进提供基础数据。

2.经验反馈

应充分利用参考核电站和国内运行业绩良好的核电站的维修经验；重视现场经验反馈，不断综合分析，以提升核电站内部的经验反馈。

3.文件升版和维修的优化

维修技术文件的严密性、准确性和有效性需要通过对现场维修执行过程的反馈进行验证并不断进行升版。维修优化离不开维修实施大纲（定期的和预测性的）以及各类维修之间的优化,应根据现场和外部经验反馈、核电站改进、核安全局要求以及成本分析等因素定期对维修技术文件进行更新和修改,以提升文件质量。在核电站运行和维修经验积累的基础上开发并实现以可靠性为中心的维修和预测性维修。

【思考题】

1.核电站维修有哪几种类型?

2.核电站维修工作有何特点?

3.核电站维修时质量控制检查包括哪些内容?

4.核电站维修管理的发展经历哪些阶段?

5.核电站维修有何特点?

6.核电站在维修前应做哪些准备?

7.在核电站现场维修活动的质量管理中,QC 检查包括哪些内容?

附录　我国已建和在建的核电站

（截至 2015 年年底）

核电站	机组		装机容量（万千瓦）	技术来源	反应堆类型	所在地	状态
秦山核电站	一期	1 号机组	31	中国	压水堆 CNP300	浙江	运行
	二期	1 号机组	65	中国	压水堆 CNP600		运行
		2 号机组	65	中国	压水堆 CNP600		运行
	二期扩建	3 号机组	66	中国	压水堆 CNP600		运行
		4 号机组	66	中国	压水堆 CNP600		运行
	三期	1 号机组	72.8	加拿大	重水堆 CANDU6		运行
		2 号机组	72.8	加拿大	重水堆 CANDU6		运行
	一期扩建（方家山）	1 号机组	108.9	中国	压水堆 CPR1000		运行
		2 号机组	108.9	中国	压水堆 CPR1000		运行
大亚湾核电站		1 号机组	98.4	核岛法国常规岛英国	压水堆 M310	广东	运行
		2 号机组	98.4	核岛法国常规岛英国	压水堆 M310		运行

续表

核电站		机组	装机容量 （万千瓦）	技术来源	反应堆类型	所在地	状态
岭澳 核电站	一期	1号机组	99	中国	压水堆 M310	广东	运行
		2号机组	99	中国	压水堆 M310		运行
	二期	1号机组	108.6	中国	压水堆 CPR1000		运行
		2号机组	108.6	中国	压水堆 CPR1000		运行
田湾 核电站	一期	1号机组	106	俄罗斯	压水堆 VVER1000	江苏	运行
		2号机组	106	俄罗斯	压水堆 VVER1000		运行
	二期	3号机组	106	俄罗斯	压水堆 VVER1000		在建
		4号机组	106	俄罗斯	压水堆 VVER1000		在建
	三期	5号机组	111.8	中国	压水堆 CPR1000		在建
		6号机组	111.8	中国	压水堆 CPR1000		在建
红沿河 核电站	一期	1号机组	111.9	中国	压水堆 CPR1000	辽宁	运行
		2号机组	111.9	中国	压水堆 CPR1000		运行
		3号机组	111.9	中国	压水堆 CPR1000		运行
		4号机组	111.9	中国	压水堆 CPR1000		在建
	二期	5号机组	111.9	中国	压水堆 CPR1000		在建
		6号机组	111.9	中国	压水堆 CPR1000		在建
宁德 核电站	一期	1号机组	108.9	中国	压水堆 CPR1000	福建	运行
		2号机组	108.9	中国	压水堆 CPR1000		运行
		3号机组	108.9	中国	压水堆 CPR1000		运行
		4号机组	108.9	中国	压水堆 CPR1000		在建
福清 核电站	一期	1号机组	108.9	中国	压水堆 CPR1000		运行
		2号机组	108.9	中国	压水堆 CPR1000		运行
	二期	3号机组	108.9	中国	压水堆 CPR1000		在建
		4号机组	108.9	中国	压水堆 CPR1000		在建
	三期	5号机组	100	中国	压水堆 HPR1000 （华龙 1 号）		在建

续表

核电站		机组	装机容量 （万千瓦）	技术来源	反应堆类型	所在地	状态
阳江 核电站	一期	1 号机组	108.6	中国	压水堆 CPR1000	广东	运行
		2 号机组	108.6	中国	压水堆 CPR1000		运行
		3 号机组	108.6	中国	压水堆 CPR1000＋		运行
	二期	4 号机组	108.6	中国	压水堆 CPR1000＋		在建
		5 号机组	108.6	中国	压水堆 CPR1000＋		在建
		6 号机组	108.6	中国	压水堆 CPR1000＋		在建
台山 核电站	一期	1 号机组	175	法国	压水堆 EPR		在建
		2 号机组	175	法国	压水堆 EPR		在建
防城港 核电站	一期	1 号机组	108.6	中国	压水堆 CPR1000	广西	运行
		2 号机组	108.6	中国	压水堆 CPR1000		在建
	二期	1 号机组	100	中国	压水堆 HPR1000 （华龙 1 号）		在建
昌江 核电站	一期	1 号机组	65	中国	压水堆 CNP600	海南	运行
		2 号机组	65	中国	压水堆 CNP600		在建
三门 核电站	一期	1 号机组	125	美国	压水堆 AP1000	浙江	在建
		2 号机组	125	美国	压水堆 AP1000		在建
海阳 核电站	一期	1 号机组	125	美国	压水堆 AP1000	山东	在建
		2 号机组	125	美国	压水堆 AP1000		在建
石岛湾 核电站	一期	1 号机组	20	中国	高温气冷堆		在建
中国实验快堆			2	中国	钠冷快堆	北京	运行
清华大学高温气冷实验堆			1	中国	高温气冷堆		运行

说明:表中未包括我国的台湾地区。